RAW

格式照片处理
专业技法
（典藏版）

The Digital Negative
Raw Image Processing in Lightroom
Camera Raw, and Photoshop (2nd Edition)

[美] 杰夫·舍韦（Jeff Schewe） 著　王丁丁 译

P Pearson

人民邮电出版社
北　京

内容提要

　　本书是一本介绍RAW格式文件处理的实用工具书，内容不仅包括RAW格式文件的属性、拍摄以及对RAW格式文件处理的概述，还详细讲解了如何利用Photoshop、Lightroom以及Camera Raw对RAW格式文件进行处理，以得到更加完美的照片。本书用平实易懂的语言将较为专业的图片处理技法化难为易，帮助读者学会通过后期处理获得精美照片。

　　本书内容充实、独具匠心，特别适合于那些渴望使自己的照片获得最佳优化效果的专业摄影师，以及图像处理爱好者阅读。

前言

本书是一本关于对数码照片RAW格式文件进行处理的书。本书详细说明了一个好的数字底片（RAW格式文件）的组成要素，以及如何驾驭功能强大的软件Lightroom和Camera Raw，使其尽最大可能发挥对RAW格式文件的渲染能力。本书还介绍了何时以及如何配置Photoshop，利用其强大的功能来完善需要并值得关注的图片。

本人专注于研究Lightroom开发模块以及Camera Raw插件，有不少心得体会——这正是本书的精华所在。自从Camera Raw问世以来，图像参数编辑（在Lightroom和Camera Raw中编辑参数而非修改图像像素）已成为高级的图像处理手段。当然，老牌图像处理软件Photoshop依然焕发着实用的魅力。

写作本书的初衷，是因为目前仿佛还没有这样一本具有优质信息来源、涵盖主要问题且言简意赅的相关书籍，我指的不是那种流水账般落入逐条讲述应用程序窠臼的俗套图书。世界上并不缺少讲述Lightroom或Photoshop的书。我认为这应该是一本关于RAW格式文件处理本质的书，而非单独的图像应用。我写作本书的思路是跨应用程序集成处理，面向那些试图使自己的照片获得最佳优化效果的摄影师。

在我作为一名年轻摄影师的成长期里，我读过安塞尔·亚当斯所著的一系列暗房图书，那是让我对摄影迷恋并上瘾的根源所在。安塞尔的那套书——《The Camera》（相机）、《The Negative》（底片）、《The Print》（印相）——对我的摄影知识体系产生了巨大的影响，并且让我的成长进入高级阶段。时间可以作证，如果我在摄影之路上受过丝毫的外界影响，那一定是从这几本书里得来的。

那么我是什么人，我又为什么会写这样一本书呢？好吧，我毕业于罗切斯特理工学院（RIT），我获得了两个摄影学位。作为一名商业广告摄影师，我在芝加哥已经从业25年了（噢，我还得过一些奖）。我算比较早地应用数码影像的摄影师——我接的第一个摄影的活儿就使用计算机操作了，那是在1984年（那一年，第一台Macintosh苹果电脑诞生）。不过，我做的不是数码影像业务——位于得克萨斯州休斯敦的一家叫作"数码幻灯片"的先锋企业才是干这种活儿的。

我的Photoshop数码影像工作始于1992年，那时候用的是Photoshop 2.0。我当时是第一批Photoshop厂外阿尔法测试员之一（阿尔法测试是指最终代码确定，软件能够真正使用前的测试，或称为"内部测试阶段"）。因为这次测试的机会，我得以认识许多Photoshop软件工程师，并与之合作。我想提到一些名字，如托马斯·诺尔（Photoshop的联合开发者之一）和马克·汉姆伯格（Mark Hamburg，排名第二的Photoshop软件工程师及Lightiroom软件的开发者），我不想漏掉他们的名字，因为他们是我的朋友。许多年来，我和他们一起工作。我想让人们都知道他们的名字，给予他们应有的尊重。

我曾深入介入Camera Raw及Lightroom的早期研发工作——不是因为Adobe公司付给过我大笔的钱（阿尔法测试者的工作是没有酬劳的），而是因为我自己的内在动机，我想改进和提高这些我乐于使用的工具。

我运气不错，有机会遇到本领域内许多一流的专家。同时，我也想对一位已离世的我最亲密的朋友——布鲁斯·弗雷泽(作家和教育家)表达我最真挚的感激之情，他曾护我于翼下。布鲁斯和他的朋友们所创办的公司名为"像素天才"，致力于开发Photoshop插件。能够有幸加入布鲁斯的团队，我感到非凡的荣耀。我接管并以联合作者的名义参与执行他所编著的两本书《Camera Raw 完全剖析》（人民邮电出版社，2009年出版）和《Real World Image Sharpening》的出版工作，这也算满足了布鲁斯生前的心愿。另外，我和另一位朋友兼同事马丁·伊文宁联合编写了《Adobe Photoshop CS5 for Photographers：The Ultimate Workshop》。就此，包括本书在内，我可以算作一个有充分资格的数码影像类专业作者了！

顺便提一下，我现在不是，以前也未做过Adobe公司的雇员（虽然多年以来，我一直与Adobe公司的软件开发部门密切合作）。我也未曾与任何相机公司有过任何合同关系。在本书中，我经常会提到一些相机的具体型号或镜头名称，这些都是我拍照使用的工具而已。如此而为的目的是，我想为读者提供关于拍摄一张照片所使用的器材最源头的确切信息，而不是要推荐某个相机型号。我使用那些相机是因为，好吧，那些相机都是我自己买的（尽管有人知道我很会买东西）。我的观点和结论是我自己的，认识我的人都知道，没有公司可以影响我。那么，关于我写的东西，请放心，我的动机是纯洁的（虽然我的口气可能有点，嗯，有点咄咄逼人吧）。

我欠很多人的人情，既然这是我写的书，我有必要花点时间提到他们。首先，我们全都欠着两个人一个大人情——约翰·诺尔以及他的弟弟托马斯，是他们真正开创了数码影像革命，他们是Photoshop软件的联合开发者。我还得对马克·汉姆伯格表达我最诚挚的感谢，他甘愿容忍我古怪的方式，实际上有时候他干脆顺着我，按我说的去做。另外，有大量的在 Adobe 公司工作的人需要感谢：拉塞尔·普雷斯顿·布朗和我共同策划，克里斯·考克斯把好多神奇的想法融入 Photoshop，拉塞尔·威廉姆斯一直在为 Photoshop 的卓越表现贡献力量，以及约翰·纳克（包括最近的布拉恩·休斯）作为 Photoshop 的产品经理真正在乎终端用户的意见。在 Camera Raw 团队，特别要感谢埃里克·陈，他一直听取意见并做正确的事（即便有时事情令人恼火），以及已离去但不会被忘却的扎尔曼·斯特恩（他并没有去世——他只是去了别的公司工作）。

　　我还要感谢我的好朋友们以及在像素天才工作的合作者们——马丁·伊文宁、麦克·霍伯特、迈克·凯珀尔、塞斯·雷斯尼克和安德鲁·罗德尼，以及离我们而去但不会被忘却的成员——迈克·斯克斯基和布鲁斯·弗雷泽。我们想念他们，公司也想念他们。

　　我想感谢 Peachpit 出版社的"梦之队"（这是布鲁斯称呼他们的名字，我完全同意）：瑞贝卡·固力克，她预订了本书并作为本书的项目编辑（这意味着她不得不忍受我的愚蠢和交稿期限的延误）；我的制作编辑，丽萨·布拉齐尔，她支持我并鼓励我做到最好；我的文字编辑，伊丽莎白·库鲍尔，她一直在做枯燥的工作，一遍又一遍地读我写的那些糟糕的文字并为我校正，同时还给我留有情面。与此同时还要感谢本书的承印方——崎岖设计公司的吉姆·斯科特，他为本书的排版设计做了出色的工作，使我的想象得以成真。感谢我的校对者，帕特丽夏·潘，她找出了所有的小错误；还有索引员艾米莉·葛罗班纳，她让这本书查阅方便。特别要感谢咪咪·赫夫特，她为封面和内页做了出色的设计（同时还要忍受我的装腔作势）。

　　我欠与我患难与共的老婆瑞贝卡（贝基）一个大大的人情，太多的感激要送给她。她永远是我的第一个读者（她会告诉我如何才能写得通俗易懂，这让我在文字编辑面前很有面子）。她坚韧地忍受我在写作时表现出来的粗心大意和其他坏习惯，并真诚地爱我。也得谢谢我的女儿，艾瑞卡，在我临近交稿期限的时间里，她承受着没有父亲陪她玩耍的日子。而且她反过来成为我最严厉的批评者，我觉得这样我们也算扯平了。

　　最后我得感谢您，我亲爱的读者。我希望您会发现这本书的有益之处，它能帮您提高影像处理能力。

——杰夫·舍韦

目录

■ 第2章
RAW格式文件后期处理综述　49

■ 第3章
Lightroom 和 Camera Raw 的基本原理　75

■ 第4章
使用Lightroom或Camera Raw处理RAW格式文件的高级技巧　143

■ 第5章
使用Photoshop 修出完美照片　213

一只十二斑蜻蜓，拍摄时使用了一台松下 Lumix DMC-GH2 相机配一支14-140mm镜头。拍摄这样的照片我无需走多远，在芝加哥的OZ公园即可（这公园离我的工作室大约有3个街区，就在去星巴克的路上）

■ 第1章

认识RAW格式文件

　　由数码相机拍摄的RAW格式文件是一种几乎没有经过处理加工过的，由相机感光元件生成的源文件。这种文件也有人称之为数字底片，它们是一种类似底片（胶片）的东西，在未经过一系列处理或输出之前，它们不能作为照片被观看和评估。胶片底片所记录的是一种反相的影像，直接看起来会很费劲。虽然数字底片不是这类反相的图像（事实上在感光元件上也未曾有过反相成像），但它也没法直接使用。

　　因此，数字底片就是拍摄时由数码相机生成的RAW格式文件。它是由通过镜头的光线生成的，由感光元件捕捉到的图像。它包含色彩信息，但它并不是彩色图像文件——色彩是要经过处理流程才能产生的。这样的元文件包含了曝光、白平衡以及ISO感光度设置的信息，这些拍摄时生成的信息将通过Lightroom和Camera Raw生成彩色照片。可以保证的是，你没机会真正见到一个RAW格式文件长什么样。本章就来解析一下数字底片，来看看它到底是由什么组成的。

1.1 RAW 格式文件解析

当我们选择以RAW格式拍摄照片的时候，相机会对拍摄生成的RAW格式文件进行处理，产生一幅图像以便于用户在相机背后的LCD显示屏上查看。在LCD显示屏上呈现的如果是未经处理过的RAW格式文件，那将会非常难看。**图**1.1所示为同一张数字底片的4种渲染效果。第一张为使用Camera Raw处理生成的照片，之后的两张灰度照片以及最后一张绿调照片分别为用不同的特殊处理方式生成的照片。

RAW格式文件所记载的色彩信息并不是一幅彩色图像，每个感光单元捕捉光子并生成电荷，电荷被转译成可被数码文件存储的信号。**图**1.2所示为**图**1.1中原始传感器存储的花朵花蕊部分的放大图像。第一张图为通过普通的Camera Raw处理过并通过Photoshop放大到3200%的图像的局部效果。第二张图为标准的未经插值放大的版本。最后一张图为单独的红、绿、绿和蓝像素的放大效果。这张照片（使用佳能EOS 1Ds Mark III拍摄）的每个像素间距为6.4微米（1微米等于0.001毫米），你现在看到的效果是照片被放大2500倍之后的样子。是的，感光单元真的是非常小！

▲ 经由Camera Raw处理输出的图像　　▲ 原始感光数据存储效果　　▲ 原始感光数据经由黑白校准的效果　　▲ 原始感光数据经由色彩插值转换处理后的效果

图1.1　最左侧的这张照片为经过Camera Raw处理过后默认设置的输出效果。第二张为使用DNG_Validate处理，选项设置为既没有经过色彩插值，也没标准化影调的效果。第三张也未经色彩插值，但是校准了设置的效果，所以这张照片中白与黑的色调是正常的。最后一张为经过一种简单的（也是原始的）色彩插值转换处理过后的效果

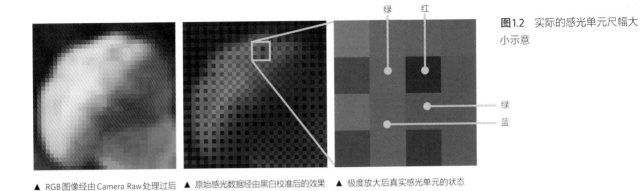

图1.2 实际的感光单元尺幅大小示意

绿　红

绿

蓝

▲ RGB图像经由Camera Raw处理过后的效果　▲ 原始感光数据经由黑白校准后的效果　▲ 极度放大后真实感光单元的状态

1.2　照相机感光元件类型

　　CCD和CMOS这两种感光元件孰优孰劣的争论始终未停止过。它们的根本区别在于生产方式的不同。CMOS的制造过程就像任何集成电路的制造一样，制造成本会比CCD低一些。CCD和CMOS在操作层面上也有不同。

- CCD的感光单元捕捉光子，每个感光单元积累的电荷对应该区域射入的光量。一旦感光单元捕捉到了电荷，一个控制电路会让感光单元里的每个电容把电荷转移到耦合传输区。控制电路会把整个阵列中的半导体内容转换为一系列电压，这些电压会被记录在存储器（或磁盘）内。这种转换过程被称为模拟/数字转换。

- CMOS是一种应用更广泛的集成电路，常用于各种微处理器、静态随机存取存储器（RAM）以及其他种类的数字逻辑电路。CMOS电路使用一种P型和N型混合的金属氧化物半导体场效应晶体管（MOSFET），用以在信号处理设备中实现逻辑门，如作为数码相机感光元件。MOSFET被用于放大或转换电子信号。当静态开启时，CMOS的生热和电耗都比CCD要小一些。

　　CMOS类型的感光元件常出现在典型的消费级别和专业级别的数码单反相机中。CMOS的一个优势就是生热少，因此适合应用于拍摄视频或实时取景功能（数码单反相机的LCD显示屏实时显示取景画面）中。在一些特殊的取景和对焦情况下，使用实时取景功能很方便。CMOS的另一个优势就是在高ISO设置下通常比CCD同比情况下的拍摄效果噪点少。

处理你的DNG文件数据转储

如果你已迫不及待地想亲自尝试一下DNG_Validate的处理效果，那很简单。不过我得提醒你，这么做有点超前了！Adobe的官网提供了Mac版和Windows版两个不同版本的DNG SDK软件供用户下载。

在苹果电脑上，打开Terminal（在应用工具里找），并且把dng_sdk/targets/mac/release文件夹里的dng_validate文件拖曳到Terminal框里。然后输入 -1 s1 -2 s2 -3 s3（注意每个数字之后有一个空格，包括最后一个数字3）。接下来找一个DNG文件并将其拖入Terminal窗口。计算机会自动找到你的DNG文件路径。之后按回车键。如果你正好输入了命令，你会看到dng_validate正在处理，然后得到一个"Validate complete"的信息。处理过后的文件会被存入用户名的根目录下，并被命名为s1.tiff、s2.tiff以及s3.tiff。文件s1.tiff就是原始感光数据存储，文件s2.tiff为校准过但未经过色彩插值转换处理的原始感光数据文件，文件s3.tiff为经过色彩差值转换过后的绿调版本。

系统日志应该是下面的样子。

OldMacPro:~ schewe$ /Users/schewe/esktop/dng_sdk_1_3/dng_sdk/targets/mac/release/dng_validate -1 s1 -2 s2 -3 s3 /Users/schewe/Desktop/DNG-test/_MG_3181.dng

Validating "/Users/schewe/Desktop/DNG-test/_MG_3181.dng"...

*** Warning: IFD 0 Copyright has non-ASC II characters ***

Raw image read time: 0.411 sec

Linearization time: 0.045 sec

Interpolate time: 0.562 sec

Validation complete

注意，只有当彩色滤镜（CFA）拜耳阵列生成的RAW格式文件已经被转换为DNG文件的时候，dng_validate才会有效。

你会看到，图1.2中所示的感光单元看上去已经从拜耳阵列（参见下一个侧边栏）的正常定向方向旋转了，这是因为图像是被竖向拍摄的。照相机感光元件的拜耳阵列被水平定向设置为红色、绿色、绿色和蓝色。

CMOS 感光元件的一项弱势是，多数情况下 CMOS 需要配置一个低通滤镜或假频滤波镜在感光元件的前面，用以减轻锯齿效应，减少混淆错误和摩尔纹。摩尔纹是当像素条纹与影像条纹接近的时候产生的干涉图样，常见于拍摄纺织品、纤维织物或有重复图样的人造物，如一些建筑物。有的数码单反相机没有假频滤波镜，甚至有些相机（如徕卡 M9 或尼康 D800E）没有安装低通滤镜。因为这类滤镜会以降低成像锐度的代价消除色彩混淆和摩尔纹现象，而额外的锐化会消减掉影像固有的柔和。未配置低通滤镜的感光元件可以生成锐利的影像，但也会有产生不良成像的风险。

CCD 感光元件常出现于一些低端相机（即瞄即拍的傻瓜机）上，有些大些的、非常昂贵的中画幅数码相机后背也会采用。中画幅数码相机后背采用 CCD 的原因是 CCD 的感光单元大一些，并且可以更有效地捕捉光子。CCD 通常不需要配备低通滤镜，所以这种感光元件可以拍出更锐利的影像——相比而言不配低通滤镜的 CMOS 还会有产生不良成像的风险。

从 CCD 和 CMOS 感光元件的设计来看，CMOS 感光元件因其简单和造价便宜的优点取得了较快的发展和应用。一台价格不菲的尼康 D800E 其 CMOS 拍摄可以产生 3600 万像素的照片文件。搭载 4000 万像素的飞思 IQ180 数码相机后背则更加昂贵。这两种相机系统的追求路线已经超越了像素和价格的竞赛。然而，一台尼康 D800E 因其相对较低的价格、高画质的特点足以作为一个实用的选项。

1.3 RAW 格式文件的属性

RAW 格式文件长什么样现在我们已经知道了，接下来我要向你解释 RAW 格式文件的属性，如果想要真正掌握如何处理 RAW 格式文件，我认为了解 RAW 格式文件的属性是很重要的一点。

1.3.1 线性捕捉

现在请在你的手上放置一枚硬币，然后再加上一枚同样的硬币。感受两枚硬币的重量是否相当于一枚硬币的两倍呢？不一定，你会感觉两枚硬币更重一

拜耳阵列

拜耳类型的阵列是一种组成照相机感光元件的、呈栅格状分布的感光单元的RGB三原色滤镜阵列。这种阵列以其发明者的名字，柯达公司的布赖斯·E·拜耳命名。布赖斯·拜耳于1976年申请的专利名为绿色照片亮敏元素元件和红色及蓝色色敏元素元件。他使用了两倍于红色或蓝色数量的绿色元素去模仿人眼的生理机能（这就是为什么单独的dng_validate色彩插值出的图像是绿色的，就像图1.1中所示）。图1.3所示为拜耳阵列的基本形式。

如你所见，一张照片是由若干局部的拜耳类型彩色样本重组而成的，这一重组过程被称为色彩插值。插入了彩色滤镜阵列的感光单元用以评价出相对的色彩值，使得感光单元变成一组RGB像素。Camera Raw和Lightroom软件都有一种奇异的算法可以用来干这件事。色彩插值的缺点是，插值是用来实现一幅RGB彩色图像的，但这极大地降低了RAW格式文件的实际像素值。一台2400万像素的照相机的像素值会被折减至2/3的1600万像素。但这其实只是个小问题，只要你选择一台具有足够大的感光元件的照相机就问题不大。

拜耳滤镜模式是最广泛应用于数码相机的模式。另外，还有一些滤镜模式，包括CYGM滤镜模式（青色、黄色、绿色、洋红色）以及RGBE滤镜模式（红色、绿色、蓝色、翠绿色），同样需要类似的色彩插值处理。而Foveon X3感光元件（红、绿、蓝三色感光层垂直布置，而不是马赛克分布）配置了3层单独的CCD，是一种三色线性阵列，不需要色彩插值处理。

彩色联合感光单元采样是一种彩色摄影感光的系统，在这种系统中，4次或更多次的曝光被收集起来且合并成一幅图像，这一过程所得图像被称为微扫描图像，每次曝光后感光元件移动一个像素，这样收集起来每个像素的RGB数据。彩色联合感光单元采样也不需要色彩插值处理。通过这种方式，整个感光元件在获取一次数据后移动若干像素的距离，这样按拜耳滤镜模式获取整幅图像的彩色信息。哈苏的H4D-200MS相机可输出2亿像素值的照片文件，同时不需要色彩插值。但不幸的是它需要多重曝光，也就是说，它只能被锁在脚架上使用，而且不能拍摄活动的物体和景象。

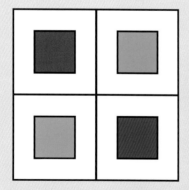

▲ 标准拜耳阵列中的红、绿、绿和蓝色感光单元示意

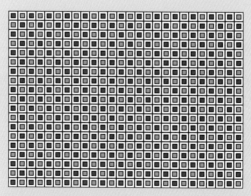

▲ 多重拜耳阵列组成的大型阵列图形示意

图1.3 标准的拜耳阵列形式

些，但不能做出精确的判断。如果一个三路灯泡被设定为50瓦、100瓦和150瓦，你能否感受到100瓦的灯泡亮度相当于50瓦灯泡的两倍？或者150瓦的灯泡亮度相当于50瓦灯泡的3倍？结果当然是否定的，你能感受到亮度增大，但你无法量化这些感受结果，你的眼睛会适应变化的光亮。

　　照相机的感光元件不会这样——它不会感知光亮的变化，它只会简单地计算感光单元以一种线性的方式接收到的光子数量。照相机的感光元件在每种颜色上可以捕捉到12位（2^{12}）的数据，那么这意味着每种颜色（红、绿、蓝）的通道将会有从黑到白之间的4096个级别的色调。第2048级的光子数量是第4096级的一半。在第1024级，光子数量又会是第2048级的一半。这就是所谓的线性捕捉：色阶对应着捕捉到的光子数量。

　　线性捕捉对曝光的影响至关重要。如果一台照相机可以捕捉到7挡的动态平衡范围（这比较接近于今天市面上典型的低端数码单反相机的水平，但相对高端相机而言，相差悬殊），4096个级别的色阶中有一半被用在了最亮的一挡，剩下的部分一半（1024级）被用在了次一挡，再剩下的一半（512级）被用在了接下来的一挡，以此类推。最暗的一挡，也就是最暗的阴影部分，仅占用了32级。**图**1.4所示为上述理论的示意。

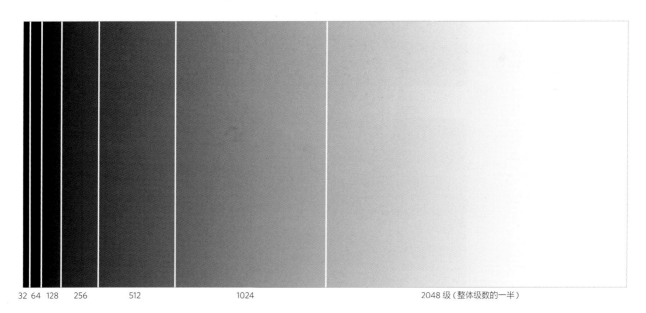

32 64 128　　256　　　　512　　　　　　　1024　　　　　　　　　　2048级（整体级数的一半）

图1.4　线性捕捉的线性渐变示意

人类的观看感受是非常不同的。尽管人类的视觉不能被准确地模型化为伽马曲线，但可见光的视觉效果（不是全黑或耀眼的亮的情况）大体遵循着伽马曲线或功效函数。如果影像被线性地编码为伽马1.0，那么这给人类视觉无法分辨的高光部分分配了太多的位值，同时给人类可感知的弱光及阴影部分分配了太少的位值。**图**1.5所示图形代表了线性渐变被转换成伽马图的效果。

在Camera Raw或Lightroom中，不同的色彩空间的伽马曲线是不同的。ProPhoto RGB是伽马1.8，Adobe RGB则是伽马2.2。如果在未经伽马矫正过的Photoshop软件中观看一张线性照片，会发现照片的显示效果很暗，有点像对比度不足的效果（见**图**1.6）。

RAW格式文件转换软件的一个主要任务就是把线性捕捉转换为有伽马编

图1.5 渐变的伽马分布

图1.6 对比一个RAW格式的线性捕捉照片和一幅经由Camera Raw处理过的图像

▲ 未经色调映射处理的线性捕捉照片

▲ 在ProPhoto RGB伽马值1.8的色彩空间里，线性捕捉照片通过Camera Raw色调映射处理过的效果

码的空间，使得捕捉到的色阶更接近于我们肉眼看到的效果。事实上，从线性捕捉到伽马编码空间的色调分布都是相当复杂的，远比简单地操作一次伽马校正要复杂。当你在做RAW格式文件影像编辑的时候，最典型的做法是使用一系列影像调整工具，去微调或修改最基本的线性色调分布。如果你想要照片保存住原有色调分布而不是丢掉它，那么照片精确的曝光是重要的前提。

1.3.2　数码相机的曝光

回溯到胶片时代，那时候我拍摄8×10反转片，用1/6挡间隔的包围曝光。我这么做有两个原因：第一，我是通过胶片来征服客户的，所以如果拍得多，我就挣得多；第二，在灯箱上查看反转片，我可以分辨出相差1/6挡曝光效果的不同。现如今，数码相机有着更成熟的测光系统，可以在Camera Raw和Lightroom里的后期处理流程中对数字底片做精细的调整，我猜测恐怕所谓曝光的艺术行将退出历史舞台了。

关于拍摄过程中的曝光问题，有两个需要考虑的主要因素：你所拍摄场景的光比范围和你所用相机感光元件拍摄照片的动态平衡特点。如果在室外晴天午间拍摄，那么室外场景的反差范围会远远超过相机感光元件的动态平衡范围。在这种情况下，就需要做出一个美学层面的取舍了，例如，这张照片中哪些元素比较重要，选择要高光部分还是要阴影部分，然后按照你的偏好和取舍做出正确的曝光。

为了理解如何做出正确的曝光，你需要了解相机感光元件的实际动态范围。有两种确定的方法来测试或拍摄体验。与其详尽地谈论关于拍摄步骤和计算感光元件动态范围的方法，不如直接访问DxOMark这个由DxO实验室建立的网站（该公司开发的DxO Optics Pro软件是一款RAW格式文件处理和镜头校正的应用程序），DxOMark网站测试过市面上的大部分主流数码相机和数码相机后背的动态范围。你可以在网站里按型号查找，例如，尼康D800的动态范围为14.4个EV值（即曝光值，和光圈f挡位相同）。作为对比，DxOMark网站评价佳能EOS 5D Mark III的动态平衡范围为11.7个EV值。这是否意味着尼康的动态范围比佳能好呢？是的，但这不是全部。其他一些因素也会参与影响相机的品质，至少不意味着摄影师们会仅仅因为可以多获得2.7挡的动态范围而把一套相机系统换成另一套相机系统。

另一种可靠的测试相机感光元件动态范围的方法就是凭经验。你不妨走到户外拍摄一系列明亮的场景，然后看看哪些能拍到，哪些拍不到。我甚至用手持点测光表来测量高光以及阴影，我想记录下有质感和细节的那些区域的 EV 值。然后我将拍摄结果和我在拍摄地测量的经验做对比。如果没有点测表，照相机上很可能有点测模式，你可以用这一功能来测量场景的曝光范围。

当然，你会发现一次曝光不可能捕捉到场景中整体反差范围——事实的确如此。如果可以按包围曝光的方式拍摄多张不同曝光值的照片，你可以使用后期处理技巧合成照片，把高反差的场景变成一张高动态范围的照片（HDR），一张从高光到阴影部分都有细节的，符合你期待的照片。

有一次拍摄"经验"让我意识到以 RAW 格式文件拍摄能够记录多大的动态范围，那是我在拍摄尼亚加拉大瀑布时候的事。我当时使用一台佳能 EOS 1Ds Mark III 相机（DxOMark 网站上公布的这台相机的动态平衡范围为 12 挡）。我想拍摄马蹄瀑布末端的那条河，使用的快门速度是可以使瀑布落下的水流变得模糊的曝光时间。当时整个场景中没有阳光直射，所以反差并不大，但其实环境光很亮。我把光圈缩至 f/22（该镜头的最小光圈值），然后尝试了一系列慢速快门，从 1/20 秒到大概 1 秒的样子。拍摄的时候我并未过多注意相机 LCD 屏的回放效果。当我暂停拍摄看回放的时候，我意识到曝光过度了。我想我搞砸了。**图 1.7** 所示为相机显示屏上显示的照片效果，曝光过度警告显示（曝光过度的部分为黑色）照片中的大部分区域都曝光过度了，直方图显示为只有最右边的狭长地带有数据。

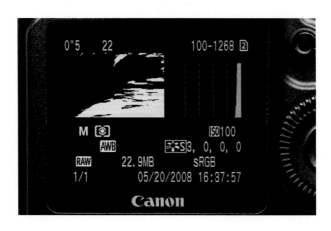

图 1.7 相机的 LCD 屏显示为该照片严重曝光过度而且彻底没用

当我结束拍摄返回家里的时候，我能看到照片上有一些轻微质感的细节，但是我也没指望这次拍摄能挑出什么有用的照片。我一反常规地把照片导入Lightroom 2，试图用大幅度的黑色色阶调整和色调曲线调整来胡搞一通。结果你瞧，我弄出了一张不仅有用而且实际上就是符合我预期的照片。**图**1.8、**图**1.9和**图**1.10所示为在Camera Raw 7中照片的效果以及各种设置。

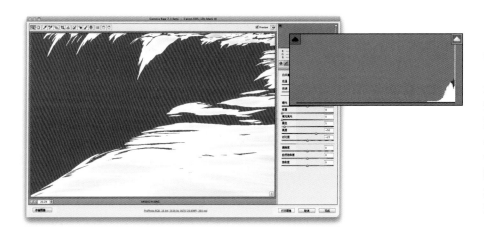

图1.8 这是之前相机LCD显示的那张RAW格式文件照片。曝光组合为快门速度1/2秒，光圈f/11。直方图显示的是只在最右端才有一条狭长区域有数据。注意此时的Camera Raw的高光溢出警告功能是开启的，所以大片红色的区域显示的是Camera Raw认为的溢出的影像数据。本图所示的Camera Raw为Process Version 2010，是Lightroom 2的标准配置版本

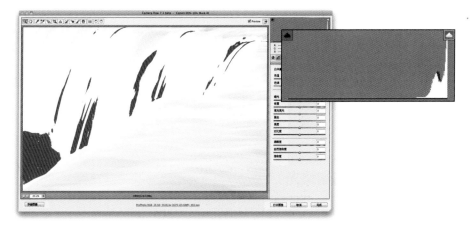

图1.9 这与上图所示为同一张照片，但是使用的Camera Raw是Process Version 2012，而非Process Version 2010。你会发现溢出警告区域变小了，而且更多的质感细节被显示出来了。这还不够，请注意，但这是在正确的方向上又迈进了一步

那么，我从这次拍摄中学到了什么呢？是如下一系列有用的经验。

■ 我需要准备一片中灰密度镜（ND镜）放在摄影包里，以备不时之需。现在我有一片可降3挡的ND滤镜。

■ 通过照相机的LCD屏去判断一张照片的潜质绝对不是好习惯，因为照相机

图1.10 本图中，我只做了一项主要的调整：单击 Camera Raw 中的自动按钮。你会发现不仅整张照片的色阶被本质上地重建了，以至于这张照片变成了"有用的"照片，而且看起来相当酷。另外，请注意无论照片还是直方图都没有溢出现象。如果你看基础面板的附图，会看到 Camera Raw 软件是如何调整本张照片的。我增加了一些清晰度、鲜艳度，同时把饱和度调整到和当时的反差以及颜色一致

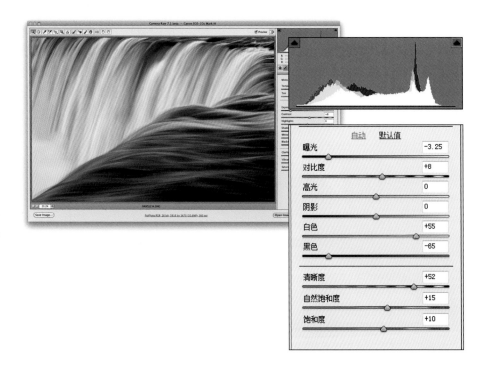

的高光警告（闪烁的部分）的设计是非常保守的。

- Camera Raw 7.X 和 Lightroom 4.X 都有新的处理功能，能渲染照片细节中最微小的地方。
- 一张线性捕捉的 RAW 格式文件照片可能包含巨大的数据量，以至于虽然看起来数据不足，但实际上却是"充足地"堆在了直方图的最右侧。这一现象引领我进入下一部分。

1.3.3 ETTR(向右端曝光)

ETTR，是短语"expose to the right"（向右端曝光）的缩写，我第一次读到这一短语是在迈克尔·雷克曼的网站"发光的景观"上。2003年，迈克尔写了一篇文章名叫"曝光（向右端）正确"，在这篇文章中，他描述了他与托马斯·诺尔关于数码相机如何恰当曝光这一问题的对话。托马斯建议，如果场景的反差范围小于感光元件的动态范围，那么你可以得到一张信噪比（SNR）良好的照片。如果你有意超过相机的测光值，那么曝光值将会向直方图的右侧

移动。

我有必要对刚才的陈述做一些限定性条件：只有在拍摄场景的反差小于相机感光元件动态平衡范围，以及拍摄场景或拍摄对象无需某个特定光圈快门值组合来实现最优曝光的情况下，上述理论才有效。如果没有能产生锐利成像的必要的景深，那么仅仅增加曝光量也不会产生什么意义。如果使用慢速快门会带来成像晃动模糊的效果，那么上述理论仍然没有什么意义。

只有在提高曝光量（捕捉更多的光子）而不牺牲影像其他方面的质量的前提下，ETTR 理论才有效。迈克尔（通过和托马斯对话）并不提倡随意乱用这一曝光过度的理论。他们的建议是，通过运用你对相机感光元件动态范围的了解，以及对场景反差范围的判断而做出一个明智的决定，用超过相机测光值的曝光量拍摄到最优化的照片。这不是有关曝光过度的理论，而是关于适当曝光以求最大化信噪比，提高影像品质的理论。这真的有用吗？是的，真的有用。而且如果你对得到最佳影像品质感兴趣，请密切注意接下来的部分。

我的这次拍摄使用了相机内置的包围曝光功能，一共拍摄 5 张，曝光值从 -2 挡到 +2 挡逐挡递进。样片如**图** 1.11 所示，这里只显示了 -2 挡和 +2 挡的极端曝光结果以及中间的正常曝光结果。

注释： 信噪比是从科学和设计层面的衡量标准，是信号和噪点的功率谱比值。信噪比越高，说明图像质量越高。我将会在后文中详细探讨噪点问题，目前，我们可以简单地理解为，如果其他方面的因素相同，那么感光元件捕捉到的光子量越多，图像质量越好。

▲ -2 挡曝光补偿

▲ 正常曝光

▲ +2 挡曝光补偿

图1.11 这是一系列包围曝光的拍摄结果，未经任何调整。可以看到最左侧的 -2 挡曝光的效果显得很暗，图像数据集中在直方图的左侧。中间一幅图像数据均匀分布在直方图中，没有图像数据溢出。+2 挡曝光的图像数据则分布在直方图的右侧，而且有一些溢出

看起来曝光不足的那张和曝光过度的那张都是废片，其实未必。通过在 Camera Raw 中对照片进行调整，可以把曝光不足的拉上来，把曝光过度的压下去。在适当的色调分布调整之后，3 张照片的曝光效果看起来非常接近，如**图1.12**所示，你可以比较一下 3 张照片的调整结果。

这似乎证明了曝光不足的和曝光过度的照片都可以被调整成好照片，但是本次示范所得出的真正结论是，3 张照片实际的图像质量是不可能相等的。如果你把照片放大并查看噪点的话，会发现捕捉更多光子的看起来更好一些！**图1.13**所示为每张调整过后照片的局部放大。

图1.12 3 张照片已经被调整到色调和色彩一致。这 3 张照片看起来都差不多，它们的直方图也都差不多。首先要对正常曝光的照片进行色调调整，之后以此为标准对其他两张进行校正调整，正常曝光的调整细节为：曝光 +0.10，白色色阶 +43，黑色色阶 -26，对比度 +14。这些对中间照片的调整动作以目测为准。对于 -2 挡曝光的照片的最大调整动作为曝光度 +2.05，而对于 +2 挡曝光的照片则是相应的曝光度 -1.90。可以看到，+2 挡曝光的照片图像数据溢出现象已消除

▲ -2 挡曝光的照片调整后

▲ 正常曝光的照片调整后

▲ +2 挡曝光的照片调整后

图1.13 3 张照片在 Photoshop 中被放大到 400%，可以看到每张照片噪点水平的不同

▲ -2 挡曝光照片放大效果

▲ 正常曝光照片放大效果

▲ +2 挡曝光照片放大效果

这张样片的处理过程证明了可以通过使用ETTR（向右端曝光）理论来提高照片的信噪比，作为场景反差小于感光元件动态平衡范围情况下拍摄的处理方法。通过更高的曝光，可以捕获更多的光子，从而使得噪点水平降低，提升影像品质。

1.3.4　感光元件噪点和ISO

感光元件噪点是一个复杂的话题，因为不同类型的噪点由不同类型的因素引发。事实上，噪点一词有一点让人误会——这个词来自于过去的调频广播时代，被用来描述广播信号中令人讨厌的电子波产生的音频噪声或信号中断。如果把这种噪声想象成一种图像的中断，就能明白感光元件的噪点是什么意思了。

噪点有两种基本类型：随机噪点（实际上可以更精确地被定义为一种伪随机的呈泊松分布状态的噪点）和模式噪点。模式噪点通常可以通过算法大幅减少。随机噪点虽然可以通过低级模糊减少，但不可能全部消除。**图**1.14所示为两种类型的噪点。

在**图**1.14中显示的相当惊人的噪点是由一台老相机佳能 EOS 10D 产生的。我留着这玩意儿是因为它能产生糟糕噪点的好样本。（多数现代感光元件则不能产生如此好的样本！）随机噪点的那幅图是由在 ISO 3200 的情况下一次正常曝光产生的。模式噪点那幅图则是由在 ISO 100 的情况下一次长达30分钟的曝光（把镜头盖盖上）产生的，这么对于这款独特的感光元件而言，曝光时间真的有点太长了（但是它产生的模式噪点真的很棒，如果你就想看噪点的话）。

▲ 随机噪点

▲ 模式噪点

图1.14　数码相机拍摄时产生的两种基础类型的噪点

虽然只有两种类型的噪点，但是产生噪点的主要原因有 3 种。了解其中彼此的区别很有必要。

- **散粒噪点**（或光子噪点）是一种光或时间的量子效应。感光单元计算一个时间段内击中的光子流，但是一个场景中到达感光元件的光线不会是一种规则的流体。当曝光持续一小段时间的时候（从比例上来说针对全部光子），光子流的不规则会产生光子波动，导致产生随机噪点。在曝光时间内，越多光子击中感光元件，信噪比就越高，噪点产生量则越少。具有大像素的感光元件，如那些全画幅数码单反相机或中画幅数码后背，每个像素会收集更多光子（换句话说，每个像素的效率更高），因此也会更少地产生散粒噪点。散粒噪点是由光产生的感光元件的一种本质属性，所以即便理论上完美的感光元件也会产生散粒噪点。

- **读取噪点**（或读出噪声）是一种感光元件固有的部件的噪点和把已存储至感光元件的电荷转换为数字数据（0或1）过程中产生的噪点的混合物。读取噪点包含随机产生的和固定模式的元件产生的噪点。相对而言，固定模式读取噪点看起来更讨人厌，经常表现为图像中的水平或垂直的线状分布，很容易发现。幸运的是，多数固定模式噪点可以被叫作黑减法或黑框减法的算法消除。在一些照相机中，出现这种噪点实际上是在 RAW 格式文件被写入存储卡之前的事。

- **暗噪点**（或热噪点）主要由感光元件在模拟 / 数字信号转换过程中生热产生的。和读取噪点一样，暗噪点也分随机噪点和固定模式元件噪点。在有些情况下，固定模式噪点与感光元件周围不同的电子元件有关，可以导致拍摄图像的一部分区域的噪点多于其他区域；这种令人不悦的效果同样可以通过黑框减法算法减弱，这点和读取噪点的解决方案一样。非常高级的天文照相机和一些中画幅数码后背则通过使用冷却系统减少或消除热噪点。

图1.14 中展示的两张样片中，展示随机噪点的那张照片的噪点主要是散粒噪点。高 ISO 值和低 ISO 值同样会使相机感光元件产生散粒噪点（参见边栏"ISO 与感光元件噪点"可了解更多）。模式噪点样片中有许多不同噪点：有椒盐粉状斑点（在彩色感光元件上显示为色斑），有垂直条纹状的模式噪点，而右下角部位和底部及右侧的噪点则是热噪点。这些热噪点是由于相机内部的元件在30分钟的曝光过程中生热而产生的。

ISO 与感光元件噪点

提高相机的 ISO 值，会使感光元件的捕捉信号功效提高，从而明显增加散粒噪点、早期的电子读取噪点和热噪点。放大器本身也可能产生一些噪点，这样一来，最终成像将产生混合的各种噪点。因此，提

▲ ISO 100 时的明显的噪点

▲ ISO 3200 时的明显的噪点

图 1.15 用佳能 10D 分别在 ISO 100 和 ISO 3200 时拍摄产生的明显的噪点

高 ISO 值可使拍摄的照片充满噪点，尤其是在阴影区域，阴影区域是信噪比最低的区域。巧的是，当噪点被放大的时候（照片呈现出噪点明显的效果），高 ISO 值下拍摄的照片里的实际噪点信号本质上和低 ISO 值设置下拍摄的照片是一样的——只是由于功效放大效果使得高 ISO 值照片中的噪点更为明显，看上去相当讨厌。参见图 1.15 所示的最低 ISO 值设置拍摄和 ISO 3200 的功效放大效果对比。

感光元件的设计及聚光效能越好，照相机产生的噪点信号也就越少。最近几年来，感光元件聚光效能的提高取得了显著的进步，这得益于感光单元附近浪费的空间的减少，以及聚光微透镜的研发。最近已经有照相机宣称可提供"超级 ISO"，实现高达 25 600 甚至更高的 ISO 值。然而，这些扩展的 ISO 设置并未采用之前所描述的那种通过真正的模拟硬件功率放大的方式，相反，它们采用的是数字增益方式（相当于在曝光控制中添加后期处理方式的曝光挡提升 +1、+2 或更多）。即便如此，许多相机真实的最高 ISO 值（采用硬件功率放大模式）也就是 3200 或 6400，这已经很了不起而且非常实用了。

如果你对这种关于感光元件噪点的讨论仍旧有些困惑，那么这里有一个简要的结论：某种程度上，感光元件的噪点会永远存在。照相机的 ISO 值设置越高，拍摄产生的噪点越明显。对于任意一台数码相机来说，高 ISO 值下拍摄都会产生难看的噪点，这种时候你就会想方设法来减少显见的噪点。解决感光元件不同种类噪点的方法通常会被细分为颜色噪点削减和明亮度噪点削减，而这完全依赖于你所使用的应用软件是什么。Camera Raw 和 Adobe Lightroom 都设计了单独的颜色噪点控制和明亮度噪点控制功能。目前的 Camera Raw 和 Lightroom 的降噪能力都已经显著提高，因而基本无需考虑第三方的降噪软件。

▲ 未经颜色噪点减少杂色处理　　　　　　　▲ 颜色噪点减少杂色设置为 +100　　　　　　▲ 颜色和亮度噪点减少杂色均设置为 +100

图 1.16　在 Camera Raw 中的颜色和明亮度噪点

值得一提的是，我有意关掉佳能相机默认的黑算法，有如下一些原因：首先，我想得到一张包含热噪点的典型样片；其次，黑算法要求一个和已有曝光相同长度的二次曝光，而我可不想坐在那儿干等下一个 30 分钟的曝光。

Camera Raw 和 Lightroom 都针对亮度噪点和颜色噪点提供不同算法的降噪工具。所有有彩色滤镜阵列（CFA）的数码相机或多或少地都无法避免噪点问题——这是一种通过彩色插值方式输出影像的数码产品都无法避免的问题。颜色噪点会出现在各种地方。它是不会因为 ISO 值（ISO 越高，噪点越明显）或曝光设置而改变的，噪点会出现在高光部分、阴影部分或中间影调部分，它会随相机的不同而不同。多数 RAW 格式文件转换软件的一个主要功能就是消除颜色噪点，所以有许多拍摄者使用一种"一劳永逸"的方法，调好一套默认的颜色噪点降噪设置，然后应用于每台相机。

图 1.16 所示的颜色噪点照片是从一张用 ISO 3200 拍摄的数字底片输出的。使用的同样是佳能 EOS 10D，以求一张有代表性的颜色噪点照片。新近推出的数码相机在模拟 / 数字转换的过程表现出的降噪能力要好得多。除非有一个有说服力的理由，否则建议不要更改 Camera Raw 及 Lightroom 中默认设置的 25。

关于高 ISO 值噪点和降噪技术问题的核心环节是确定哪些问题与噪点相关，哪些问题是无关的。而减采样是一种非常有效的降噪技术！

在 Camera Raw 或 Lightroom 中，按 100% 大小和 400% 大小查看照片的时候，你无法看到一个真实的（或特别有用的）照片打印输出后的噪点效果。缩小至 25% 或 50% 大小的时候，效果比较接近真实的打印效果，虽然此时是由比打印机低得多的分辨率显示。有些转换软件，尤其是那些照相机厂商提供的软件，倾向于通过简单地让阴影部分的数据溢出至黑色的办法掩盖阴影里的噪点，使用Camera Raw或Lightroom来处理RAW格式文件中的明亮度噪点问题的做法值得一试。

1.3.5　色度转译

当拍摄JPEG格式文件的时候，有一个典型的设置是选择sRGB还是Adobe RGB(1998)的色彩空间。然而今天的绝大部分数码相机能摄取到的色彩范围都超过了这两种色彩空间的任何一种，尤其是饱和的黄色和青色的区域。当你按照sRGB或Adobe RGB色彩空间拍摄的时候，那些色彩绝对会溢出，仿佛这两种色彩空间压根不存在一样！

因各种RAW格式文件转换软件自身特点的不同，渲染照片是在不同的色彩空间里进行的，Camera Raw有4种色彩空间可供选择，Lightroom则有3种色彩空间供选择。**图1.17**所示为在Camera Raw和Lightroom中选择色彩空间设置的对话框。

注释：当拍摄RAW格式文件的时候，用户对相机的色彩设置不会对相机的色彩空间产生任何影响。色彩设置只会对相机的LCD显示效果和EXIF信息预览产生影响，当你拍摄RAW格式文件的时候，相机的色彩设置只是一个元数据的标签，不会改变RAW格式文件数据本身。

▲ 位于Camera Raw的"工作流程选项"对话框中的色彩空间设置

图1.17　色彩空间设置

▲ 位于Lightroom首选项对话框里"外部编辑"标签中的色彩空间设置

注释： sRGB 色彩空间是由惠普公司和微软公司在1996年作为显示、打印及网络用途而联合开发的。其中一位名叫迈克尔·斯托克斯的惠普工程师，他后来去微软工作了，命名了这一色彩空间的名字。微软公司选定 sRGB 作为 Windows 视窗操作系统的默认色彩空间。多年以后，关于 sRGB 名字中的 s 代表何种意义有过一个争论。我知道两种说法—— 一种是代表标准（standard）RGB 或简单（simple）RGB，其他人（包括我自己在内）则认为 s 代表魔鬼（satanic）RGB 或是有点不文明的说法狗屎（"s" word）RGB。但是，无论好坏与否，sRGB 已经被采纳为互联网的默认色彩空间了。

在这些色彩空间中，ProPhoto RGB 色彩空间包含了相机可以捕捉到的绝大多数我们能看到的色彩。如果在 ProPhoto RGB 色彩空间里转换照片的过程中发生了严重的色彩溢出问题，那么可能是你拍到了一些超越了可见光范畴的东西！

关于不同的色彩空间以及 ProPhoto RGB 色彩空间的起源问题，我会在第2章中详细叙述，不过现在我想集中讲讲在 Camera Raw 和 Lightroom 选项中出现的不同色彩空间范围大小差异，因为这是属于数字底片处理范畴的。

我可以用一系列比喻来解释色彩空间所包含色彩范围的不同。打个比方也许比较容易想象：容量。如果 sRGB（这是 Camera Raw 或 Lightroom 中容量最小的色彩空间）是1品脱（体积单位，约0.568升），Adobe RGB 就是1夸脱（1夸脱等于2品脱），而 ProPhoto RGB 则是1加仑（1加仑等于4夸脱）。如果你的相机拍到的色彩大于1夸脱而小于1加仑，而你又想保持照片的色彩不丢失，唯一的办法是在使用 Camera Raw 或 Lightroom 的时候，选用1加仑的 ProPhoto RGB 色彩空间。

如果你人为强制地把色彩空间改为 sRGB 或 Adobe RGB，那么你拍的照片、处理照片过程中的色彩以及打印环节都将会有色彩溢出的问题发生。在 Camera Raw 及 Lightroom 中，唯一能包含照相机拍摄的所有色彩的色彩空间

偶然诞生的色彩空间

Adobe RGB (1998) 色彩空间最初来源于一个拼写错误。回溯到1998年，那时 Photoshop 5 刚刚被推出，其最主要的特征是色彩管理。这一概念包括三种色彩空间：输入色彩空间、工作色彩空间以及输出色彩空间。看起来很简单，但这足以让太多的用户崩溃了。Photoshop 5 刚推出的时候所包含的工作色彩空间有一个很神秘的名字叫作 SMPTE -240M。有一个叫马克·汉姆伯格的 Photoshop 软件工程师已经通过上网了解到了 RGB 色彩空间的知识。在电影与电视工程师学会（SMPTE）的网站上，有一个用来编辑高清视频的"被提出的"色彩空间被暂时性地命名为 SMPTE -240M。马克把这一色彩空间坐标和伽马信息都复制了下来，制作了一个 ICC 颜色配置，并且命名其为 SMPTE -240M。这一色彩空间后来就出现在 Photoshop 5.0 里。问题是这只是一个被提议的 RGB 色彩空间，尚未被 SMPTE 批准。而且，好像还有两个关于 RGB 颜色规格的轻微的拼写错误。拼写错误后来在之后的提议中被改正过来了。SMPTE 联系 Adobe 公司提出改正意见。然而，实际的色彩空间（拼写错误已经被包含在内了）已经被视为"有用的"了，所以后来这一色彩空间被重新命名为 Adobe RGB (1998)，并在 Photoshop 5.0.1 的更新包中被发布。

是ProPhoto RGB。也有可以包含相机所有色彩的其他的色彩空间，但是这样的色彩空间在Adobe的RAW格式文件处理应用软件中并不提供。

在处理数码照片的过程中，关于尽可能保持相机所拍摄的全部色彩的做法有以下理由。

■ 如果是在ProPhoto RGB色彩空间下渲染数字底片，那么你可以发挥相机所拍摄色彩的全部优点，以便为在Photoshop中的后期处理做准备。这些在ProPhoto RGB色彩空间下渲染的RGB照片可能会成为你的RGB大师之作。

■ 时间不会停止，新技术会发展，广色域的照片会得到更好的处理。我使用一台NEC广色域显示器来进行数码照片处理，这台显示器可以显示Adobe RGB色彩空间内98%的颜色（目前还没有能够显示ProPhoto RGB全部颜色的显示器，而且也许以后也不会有），如果我把我的照片都限制在sRGB里，那将限制我所有照片的色彩，我不喜欢。你觉得呢？

■ 在数码照片的编辑处理过程中，越精确越好，这是至关重要的。如果最终输出结果受到过小的色彩空间容量限制，你还得重新选择大一些的色彩空间然后重新编辑。有一种理论叫作奈奎斯特采样定理，说的是假定照片处

注释： 我不建议使用ProPhoto RGB来处理8 比特／通道位深的任何图像。坚持使用16 比特／通道位深处理图像可以避免色带或色调分离现象的产生。

图1.18 色彩空间和由于色彩溢出造成的色彩损失。我是通过一种叫作Color Think的色彩空间可视化工具来制作色彩空间范围示意的，这一操作是在 Lab模式色彩空间中进行的。图像的色彩被分别绘制成色彩空间范围内外的小方块点

◀ 在 Camera Raw 中用来处理成 ProPhoto RGB 的原始照片

▲ 图像被绘制成 sRGB 色彩空间   ▲ 图像被绘制成 Adobe RGB 色彩空间   ▲ 图像被绘制成 ProPhoto RGB 色彩空间

理结果具有一定级别的精确度，在开始的时候，你需要至少两倍于此的精确度。ProPhoto RGB 是目前为止在 Adobe RAW 格式文件处理软件中最大的色彩空间，我不清楚两倍于 Adobe RGB 或 sRGB 的色彩空间有多大，但是我敢肯定选择最大的色彩空间无疑是最接近需求的。

图 1.18 所示为一系列丰富的明亮而饱和的色彩样本。我在 Camera Raw 中处理同一张照片而获得 3 种不同的色彩空间——sRGB、Adobe RGB 以及 ProPhoto RGB——来呈现 3 种色彩空间的溢出影响。

无论 sRGB 还是 Adobe RGB 色彩空间都不能包括原始图像的全部颜色。无论是拍摄（以 JPEG 格式拍摄）还是处理原始照片，在这两种彩色空间里都会丢失色彩的保真度和精确度，出现在色彩空间范围以外的颜色将不再存在。只有 ProPhoto RGB 色彩空间可以涵盖全部颜色，因此在处理的时候所有颜色都有效。

1.3.6　元数据

我会尽量长话短说，只是我觉得有必要对元数据在数字底片中担当的角色做一个基础性的解释。基本上，一共有 3 种类型的元数据（即关于数据的数据），元数据存在于数字底片里面。

第一种类型的元数据是被嵌入在数码相机本身的元数据。这种元数据叫作可交换图像文件格式（Exif）。日本电子产业发展协会（JEIDA）创建了 Exif 的标准。日本电子产业发展协会（JEIDA）同相机和成像产品协会（CIPA）成功地与日本写真工业会联合制定了最近的版本——2.3 版。Exif 元数据主要定义了在拍摄时某些标签如何被嵌入 RAW 格式文件。一些基本的信息，如拍摄日期、时间以及相机设置显然都被包括在内。另外还有一些其他的标签也可以被嵌入，如照片描述、版权信息以及一个预览图标。Exif 的结构借用了很多 TIFF 文件标准。也有一些标准的地理位置标签和 GPS 坐标定位标签。Exif 标签可以是公开定义的元数据，也可以作为拍摄者记录的私人拍摄笔记。Exif 元数据是能在照片文件信息栏中看到的信息，也是应用于 Camera Raw 和 Lightroom 中，在文件处理默认设置的时候的信息。

第二种类型的元数据是 IPTC 信息交换模型（IIM）元数据，它不是被嵌在 RAW 格式文件内部，而是可以被过后追加进去。这一模式是由国际新闻电信委员会（IPTC）开发的，用于促进国际间的报纸与新闻机构之间的新闻交换。

图1.19　RAW格式文件中包含的元数据列表

虽然信息交换模型（IIM）是为各种类型的新闻项目应用而准备的——包括简单的文本文章，但它同时也成为一种被全世界广泛接受的应用于新闻和商业摄影的标准嵌入元数据。一些相关信息，如摄影师的名字、版权信息和标题或其他描述，可以通过手动或自动写入。

　　第三种类型的元数据是由Adobe公司开发的，被称为可扩展元数据平台（XMP）。XMP定义了一种元数据模型，这种模型可以被用于任何定义的组元数据项目。XMP也为基本属性定义特定的模式，用于在多重处理进程中记录源历史。从被拍摄、被扫描或被署名文字，通过照片编辑步骤（例如，在Camera Raw或Lightroom中调整参数），到组成最终图像文件。XMP允许每种软件程序或设备在途中添加自己的信息到数码源文件上，这些信息都会被保留在最终的数码文件里。

　　其实还有许多其他种类的通用的元数据标准，但是对于摄影师而言，以上3种最为主要。**图**1.19所示为在Photoshop Bridge里看到的数字底片的文件信息。

1.3.7　位深度

　　1.3.1小节中，我曾提到过RAW格式文件的位深度这一概念。如果你能毫无困惑地理解这一概念，那么恭喜！但如果你只是读过去了而并没理解什么意思，那么我送你"一点解药"帮你解除困惑。

注释： 位（bit）是什么？1位（二进制位的简称）是二进制的最基本单位，计算机表示数据存在或存储采用的是二进制，只有两个数字：0或1。1字节（byte）等于8位。数码照片在用来描述位深度的时候，标准的表示方法是每通道的位深度。那么，一个8位的JPEG文件拥有3个通道的8位，总共的位深度是24位。一个16位的RGB照片也是3个通道，总共的位深度是48位。

位深度就是位值，用以描述数码照片离散层次的信息和数量。通常按每个通道的位数值特定。数码单反相机通常能够捕捉到的是每个通道12～14个位值，相当于每个通道有2^{12}～2^{14}或4096～16384个层次。一些相机可以超过这样的标准，例如，尼康的D800相机具有14.4挡的动态范围，它能捕捉到每个通道超过14位的信息。许多中画幅数码相机后背宣称可以捕捉到16位深度（事实上它们只能达到14位多一点，这取决于有效位与噪点的比值）。

以RAW格式文件拍摄，就拍了一切相机可以拍的东西，那么根据定义，你会拥有很大的自由度来协调总体的影调和反差。相比8位/通道的文件，以RAW格式拍摄的文件在Photoshop中是禁得住更大幅的调节编辑操作的。

Photoshop中的编辑工作是一种有损调整——当使用一些工具诸如色阶、曲线、色相/饱和度、色彩平衡，对照片进行调整的时候，会改变实际的像素值，产生以下两种或其中一种问题。

- **色调分离**：这种问题会发生在拉伸色调范围的时候。本来紧紧相邻的渐变色阶现在被拉开了，打个比方，假设拉伸前的色阶是100、101、102、103、104直到105，拉伸后新的色阶值可能变成98、101、103、105和107。就其本身而言，上述的编辑不大可能产生显而易见的色调分离现象——它只是把原本平滑的渐变拉成在色阶中有4～5个间隙——但是后续的编辑工作会拉宽这种间隙，包括色调分离。

- **细节损失**：这种问题会发生在压缩色调范围的时候。色阶的分布会改变，压缩前不同的数值会被压缩成相同的数值，而这代表潜在的细节，即那些被压缩的色阶就被彻底地丢掉了，绝不会回来。

有些厂商认为位深度和动态范围是一回事。这是一种大范围的市场策略，虽然位深度和动态范围有一定关系，但并不是一回事。实际上，数码照片的动态范围不能超越原始RAW格式文件的位总数值。

数码相机的动态范围是一种感光元件的模拟限制。照相机所能拍到的最亮场景的信息会受到感光元件能力的限制。某种程度来讲，感光元件不能再接受更多光子——这种情况被称为饱和——的状态下，任何到达的光子都不会被计入。主观地讲，其实这是系统固有的噪点淹没了那些由于少量光子撞击感光元件产生的非常微弱的信号。主观性是以事实为基础的，就好比有些人就是比其他人更能忍受照片中出现更多噪点。

关于位深度和动态范围的区别，可以想象一个楼梯：动态范围是楼梯的高度，而位深度则是楼梯的台阶数。如果你希望这楼梯爬起来容易一些，或者希望照片保持一个连续的渐变色调，就需要更多数量的台阶放缓坡度，而不是更陡峭的台阶，你需要更多的位来描述一个更宽的动态范围，而不是更窄的动态范围。但是，位数或小台阶数量的增加不会提高动态范围或楼梯的高度。

底线是，在影像处理的过程中，位值越大越好。如果最终输出需要8位/通道，那么你在做影像处理的时候，位深度最好选用大于最终需要的值。

1.4　RAW格式与JPEG格式

是的，这本书你买对了，我不必唠唠叨叨地跟你讲拍摄RAW格式文件比拍摄JPEG格式文件有多好。但是如果有人跟你争辩这一话题的时候怎么办呢？我还是啰唆一下吧。

拍摄RAW格式文件的时候，感光元件看到什么照相机就拍到什么。拍摄JPEG格式文件也是这样的（所有的感光元件都是拍摄它看到的东西），但是其拍摄的最终结果却是被照相机的模拟/数字转换功能修改或处理过了，照相机已经"烘烤"过一些重要的属性了，诸如位深度、色彩空间、色调分布以及白平衡。我个人认为，如果把RAW格式文件比作曲奇面饼，那么JPEG格式文件就是一个烘烤过的曲奇。我真的，真的喜欢曲奇面饼。

图1.20　一张8位的RGB照片被存成JPEG压缩文件的前后对比

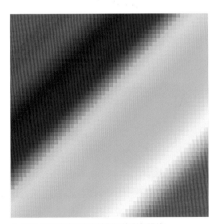

▲ JPEG压缩前的8位连续影调的彩色照片

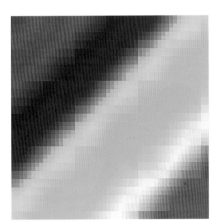

▲ 压缩成JPEG之后的效果

当我把JPEG格式文件比作是被相机"烘烤"过的结果的时候，我是认真的（虽然有人会争辩，他们认为其实只是半烘烤）。每一个相机制造厂商都通过样片对消费者或摄影师展示某种良好形象。在这些样片里，事实上没什么特别的精确或绝对——它们只是相机厂商选定的某些预设。在使用模拟/数字转换软件处理RAW格式文件数码照片的时候，从某种层面上来讲，是在把RAW格式数码照片处理成某种目标效果。多数相机厂商会根据那些使用过胶片的摄影师的偏好把相机的处理风格往高反差和高饱和的方向上靠——相机被设计成能拍出胶片效果。问题在于，照片一旦按照相机厂商的方式被"烘烤"的话，就很难按你自己的方式"烘烤"了，因为大块的文件数据已经被别人的炉子烤没了！**图**1.20所示为拍到的连续影调的照片在被保存为JPEG格式文件的前后效果对比。我得承认，这么论证JPEG处理过程的"缺点"其实很无聊，不过这并不虚幻。

JPEG格式（是由联合图像专家组Joint Photographic Experts Group制定的一种图像格式）是一种对数码照片有损压缩（通常情况都是）的方式。压缩本身未必是坏事——如果没有压缩技术，我们不可能在互联网上很快地打开照片浏览。但是对于摄影作品而言，这种压缩会使照片经历额外的图像处理过程，这就不好了。JPEG压缩会试图保持明亮度数据而压缩色彩数据。这里的逻辑是，对色彩的压缩是相对害处（损失）小于对明亮度数据的压缩的，的确如此。然而，请看**图**1.20，彩色色调渐变的损失也的确是有害的。如果开始的时候压缩的是一个8位的照片，压缩成JPEG格式之后，照片的色彩深度将不再是那么多位！

JPEG格式文件真正的问题在于，虽然它来自于线性渐变的RAW格式原文件，但是线性渐变编码被"烘烤"了。那么，如果你明白了RAW格式文件可以具有多少动态空间的话，就会知道RAW格式文件被压缩成JPEG格式的

图1.21 经由照相机原始输出的JPEG和RAW格式文件效果对比

▲ 相机原始输出的JPEG格式文件

▲ 相机原始输出的RAW格式文件

图1.22　调整过后的JPEG格式文件和RAW格式文件效果对比

▲ 调整过后的JPEG格式文件　　　　　▲ 调整过后的RAW格式文件

时候丢掉了多少动态空间。在**图1.20**中所示的情况里，如果相机拍摄JPEG格式文件的话，那么你得到的就是一个完全没用的照片文件。我承认这是一个极端的例子，那么再举另一个例子，拍摄使用的是一台佳能EOS 1Ds Mark III相机，设置成同时输出RAW格式文件和JPEG格式文件。一张照片被写成RAW格式的文件，而另一张被照相机压缩成JPEG格式文件。同样一张照片，以两种不同的格式呈现（参见**图1.21**）。

　　这是一张不好测光的照片，背景很亮而主体小鸟完全在阴影里。然而就像我之前举过的例子（本书中的后续内容里我也会举此类的例子），在Camera Raw或Lightroom中对其进行后期处理，依然可以调出大量的潜在信息。如**图1.22**所示，两张照片都被Camera Raw导入并调整。对两张照片的调整动作完全相同。我先把RAW格式文件调整成我想实现的效果，然后对JPEG格式文件做同步设置。

　　当把调整过后的JPEG格式文件和调整过后的RAW格式文件做对比的时候，一系列问题会蹦到你面前来。第一个问题是，JPEG格式那张照片的背景高光部分丢失了很多细节。这是可以预料到的，因为JPEG格式原文件高光部分本来就已丢失了大量的可编辑动态空间。而在本书的印刷效果中更难看到的是，小鸟身上的阴影部分被调亮了之后，收到的效果并不理想。颜色和色调变化并不顺畅，阴影区域显得很厚而缺乏细节。我承认当我拍摄这张照片的时候，本来可以按照ETTR（向右侧曝光）的方法把照片拍得亮一些，但是那样的方法对于一张JPEG格式的照片文件而言是无效的；即便是以目前的曝光方式，我们也已经丢失了很多的高光细节。

　　上述讨论最主要的问题（在与人争论JPEG格式和RAW格式孰优孰劣的

时候，你需要准备的撒手锏）在于，拍摄JPEG格式的文件会让你陷入被动，而使后期调整的灵活度降低。在处理数码照片的时候，你也想和我一样，拥有最大幅度的灵活度，对吗？

1.5 RAW格式照片的拍摄

　　本章到目前为止，已经集中讲述了数字底片的技术细节方面的问题。现在，我来谈谈关于数字底片的拍摄方面的问题。无论你在RAW格式文件处理方面掌握多少技巧或者有多少天赋，从摄影技术层面上讲，你不可能改变一张照片最根本的缺陷。那句老话"GIGO"（garbage in，garbage out——进来的时候是垃圾，出去的时候必然也是垃圾——译者注）说的好，所以摄影的关键问题在于照片品质本身。是的，后期处理可以弥补一些小问题，但前提是你得拍到一张好照片，后期处理才能帮上忙。

1.5.1 快门速度

　　快门开启的时间段是拍摄实际发生的时间段。根据拍摄条件选择恰当的快门速度将对拍摄产生决定性影响。

　　理解镜头焦距和快门速度与拍摄时照相机的晃动以及拍摄对象运动之间彼此互相影响的关系是非常有必要的。还有一个重要因素就是ISO值的设定，也需要理解清楚。如果想获得锐利稳定的影像，通过提高ISO值设定的办法是行之有效的。**图**1.23所示为一只蜻蜓的两张照片，一张是锐利清楚的，而另一张则模糊一些。

　　这两张照片我都是用一台松下Lumix GH2相机配一支具有防抖系统（IS）的14－140mm镜头拍摄的。在拍了第一张之后，我通过LCD屏回放放大查看了照片，显而易见的模糊让这张照片废掉了。于是我把ISO设置调高到320，快门速度则提高到1/400秒，又拍了一次。

　　虽然这支镜头具有防抖功能，但这次拍摄中防抖功能并未真正帮上忙，因为这次拍摄使用了这支镜头的最长焦距端140mm（等效焦距为280mm），而1/200秒的快门速度又不够快。虽然提高ISO值之后，以高感光度拍摄会噪点多一点，不过通过Lightroom的明亮度减少杂色功能可以很容易地消除噪点。影像锐度的提升是通过提高快门速度实现的，而较高的ISO值并未伤害到影像品质。

没错，如果能配合三脚架使用最好不过了！不过如果你没有三脚架，那么较高的ISO值设置显然比较低的ISO设置要好一些。相对由于较慢快门速度而导致的相机抖动或影像模糊，噪点问题更容易解决。

图1.23　通过提高ISO值而提高快门速度，改善前后效果对比

▲ 手持拍摄，快门速度1/200秒，ISO 160

▲ 手持拍摄，快门速度1/400秒，ISO 320

▲ 在Photoshop中，照片显示比例缩放至100%局部，快门速度1/200秒

▲ 在Photoshop中，照片显示比例缩放至100%局部，快门速度1/400秒

1.5.2　镜头光圈

f值即光圈值会影响数字底片的锐度。当拍摄一个场景的时候，光圈越小，景深（DOF）越大。景深就是指所拍摄场景中成像清晰部分的最近端到最远端的范围。影响景深效果的因素有多种，如镜头焦距和拍摄对象到相机的距离（物距），以及相机感光元件的大小（小尺寸感光元件的景深比大尺寸感光元件的景深大）。

那么，你也许认为解决景深问题就是缩小光圈（选用更大的f值），对吗？是的，然而使用太小光圈的时候会产生另外的问题。你会遇到一种叫作镜头衍射的现象，这一现象的结果就是使镜头成像变软。衍射现象的产生是因为镜头可变光圈的作用——通过光圈边缘的光路会改变并发生散射，导致成像锐度下降（见**图1.24**）。

图1.24 镜头衍射现象的效果对比

▲ 以光圈值f/8拍摄   ▲ 以光圈值f/32拍摄

测试新镜头

当你拿到新镜头的时候，有必要做一些测试以确保这支镜头毫无质量问题且符合你对它的期待。做测试的时候需要做一些"技术性的"拍摄，而不是为了拍出好照片来。我会按照光圈全开以及镜头所具有的每挡光圈值逐级拍摄。这样做的目的是要检验一下镜头的成像品质，不是为了拍出伟大的作品来。通常我会把相机装在三脚架上，这样拍摄时所产生的机震就不会对镜头测试产生干扰。我也会把镜头焦点对到无穷远和最近拍摄距离上分别进行测试。我通过拍摄砖墙来测试镜头畸变。然后，我测试镜头的自动对焦精度，以确保自动对焦不会把焦点对到靠前或靠后的位置上。（有些照相机提供自动对焦矫正调节的功能。）

如果镜头的自动对焦系统有问题，任何一挡光圈下成像都不清晰，那就得找商家更换一支了，然后对新镜头再做一系列测试。我曾经有过一支镜头更换两三次才满意的经历。

某支镜头在已经使用过一段时间之后，如果你发现它的成像质量达不到最初刚刚购买时的水平了，那么这支镜头就该返厂维修了。我经常在镜头保修期结束之前再做一次测试，如果镜头有问题，应该及时送修。

前页的两张照片均由一支100mm微距镜头拍摄。光圈值f/8的那张要比光圈值f/32的那张成像更锐利且拥有更好的细节。

绝大多数镜头都有一个最佳光圈值，使用最佳光圈值可使镜头具有最优成像能力。最佳光圈通常是从镜头光圈全开值倒数2～4挡的光圈值。例如，一支快速镜头具有很大的光圈，如最大光圈是f/1.4，而该镜头成像最佳的时候应该是当光圈值位于f/2.8～f/5.6的时候。把光圈缩小至f/8～f/11的时候，镜头成像水平可能不会下降，但是当光圈缩小到f/22～f/32的时候，由于镜头衍射的原因，镜头成像水平就会下降。所以，请明智地选用光圈值。

顺便提一下，有一种混合多重拍摄的景深合成技巧，可以实现最优景深效果和极佳的成像锐度。这将在第5章中详细讲述。

1.5.3 镜头像差

摄影镜头在设计的阶段，会考虑许多影响成像的因素，如镜片玻璃的品质和类型、镜片的数量，以及镜片组的结构、镜头的视角。对于镜头设计师而言，设计一支超广角镜头比一支长焦镜头具有更多的挑战和问题，而变焦镜头的设计则会遇到大量的、复杂的问题。

如果一支镜头的设计可以有无限的预算，那么镜头设计师可能会设计出解决所有问题和像差的镜头。不过这样一支镜头会非常昂贵，并且可能体积巨大，所以镜头设计师必须做出妥协。作为所有妥协的结果，镜头像差的幅度必须可以接受。有些影像品质问题可以在后期处理的过程中解决，另一些则不可能。镜头像差有两种常规类别：单色像差（影响全色光）以及彩色像差（对不同颜色的光产生不同的影响）。

1. 单色镜头像差

把一支廉价的镜头装在一台高档的、高分辨率的照相机机身上，这有点不搭配。定焦（固定焦距的）镜头通常会比最好的变焦镜头成像都好，但是不能笼统地说定焦好还是变焦好。即便是很贵的镜头也有个体差异，所以在购买任何一支新镜头之后，你都该做一番测试，以判断这支镜头是否够好——如果镜头有问题，也别羞于去找商家更换（换货宜早不宜迟）。

镜头的品质取决于它的设计者和制造者对镜头不同方面的瑕疵或像差的控

图1.25 曲线畸变照片校正前
后的效果对比

▲ 未经校正的砖墙照片具有桶形（凸面线）畸变

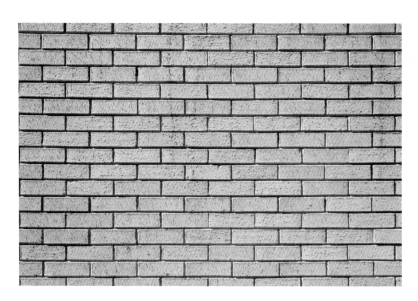

▲ 在镜头校正面板里启用配置文件校正砖墙照片后的效果

制程度。下列像差现象皆为单色像差，这意味着它们会影响镜头的性能，即便入射光只是单色光的情况。这三种镜头像差都会直接影响镜头的清晰度，分别为球面像差、像散以及像场弯曲。

- **球面像差**是指镜头丧失了将所有光线聚焦于同一点的能力的现象。通过镜头边缘的光线（被称作边缘光线）经镜头折射后产生的交点比平行于轴线或通过中心的光线（被称为近轴光线）产生的交点近。这会导致镜头焦点的偏移。有些镜头的设计通过采用非球面镜片来矫正镜头大光圈拍摄时产生的球面像差。

- **像散**是指镜头无法将同一平面上的垂直或水平线聚焦，表现为等密度线（深色）水平或垂直方向的密度值不足。缩小光圈可以改善镜头像散现象。

- **像场弯曲**是指焦平面呈曲面而非平面的现象。其结果是，当照片的中心是实焦的时候，边缘部分则是虚焦的，反之亦然。缩小光圈会改善整体的清晰度，但不会解决像场弯曲问题。

球面像差会影响成像的整体范围，而像散和像场弯曲则主要影响成像的边缘部分或中心位置。

在镜头设计中，这类像差问题解决得越好，镜头成像也越好，而这类像差问题是不能在后期处理中校正解决的。再强调一遍，镜头的品质越好，你所拍到的数字底片影像的品质越好。

还有另外一种镜头像差，常见于变焦镜头以及一些便宜的定焦镜头，这种镜头像差被称为曲线畸变（也被称为桶形畸变或枕形畸变，取决于成像失真呈凸面线还是凹面线）。幸运的是，可以在Camera Raw和Lightroom中的镜头校正面板里校正这种畸变。**图**1.25所示为照片在曲线畸变校正前后的对比。

对于这种畸变的校正，不利的方面是必须牺牲畸变区域以外部分的图像品质。另外会产生的问题是，此类校正是使用一定程度的图像插值来实现的，这也会对图像品质造成轻微的负面影响。

2. 彩色镜头像差

彩色像差会影响不同颜色的光在镜头中的光路走向。彩色像差共有以下两种类型。

- **横向彩色像差**是指焦平面上的成像发生了横向的位移。这种类型的像差是

图1.26 照片在彩色像差未经校正及校正过后的效果对比

◀ 横向和纵向彩色像差未经校正时的效果

◀ 横向彩色像差校正后，可以看到轻微的纵向彩色像差尚未被校正

◀ 横向和纵向彩色像差均被校正后的效果

由于：即使成像都发生在同一个焦平面上，不同颜色的光成像的范围大小不同。这种彩色像差会产生红边或蓝边现象，而且不会因缩小光圈而得到改善。

■ **纵向彩色像差**是指镜头失去对所有波长（颜色）的光产生汇聚于镜头轴线上的同一平面的能力的现象，往往表现为彩色边问题。波长较短的光线聚焦于焦平面靠前的位置；波长较长的光线则聚焦于靠后的位置。这一现象同样无法通过缩小光圈来改善。这种像差常见于廉价的长焦镜头，可以通过使用特殊的玻璃镜片来改善，如LD镜片（低色散镜片）、ED镜片（超低色散镜片）、AD镜片（反常色散镜片）和萤石镜片。

幸运的是，利用Camera Raw和Lightroom可以解决这些问题（见**图**1.26）。

这张表现生锈的旧卡车的照片是我在去往华盛顿州帕卢斯地区的摄影之旅中拍摄的，
当时正值收获的季节。拍摄这张照片使用的是一台飞思 645DF 相机搭配一个飞思 IQ 180
中画幅数码后背，以及一支 120mm 微距镜头。

■ 第2章

RAW格式
文件后期处理综述

　　Photoshop问世已经有20多年了，但是Adobe公司开发的所有用于数字底片RAW格式文件处理的应用程序都还非常年轻。关于RAW格式文件处理，有两个不同的途径：Lightroom，以及应用于Bridge和Photoshop的Camera Raw插件。虽然Lightroom和Camera Raw分享同样的底层处理管道，但每种应用程序因其来源和目的的差异又有着各自的独特之处。全面了解它们的不同和相似之处，可以让我们明白它们被开发的方式及原因。

　　顺便提一下，也有一些其他种类的第三方RAW格式文件处理应用程序很有价值，我甚至就使用过其中的一种——飞思公司提供的Capture One，当我使用我的那台飞思相机时我会用它。但是我偏爱Adobe公司开发的应用软件，本章将就此进行详述。

2.1　Camera Raw 的起源

在2002年春天，Photoshop 7发布后不久，Adobe公司面临着一个棘手的问题：它的用户们已经开始购买可以输出RAW格式文件的数码相机了，而那时候的Photoshop还打不开RAW格式文件。的确，相机厂商会随相机提供一个处理数字底片的专用软件，但是这类软件往往笨拙、缓慢，而且设计得也不好。

在2002年6月，我在纽约召集了一个研讨会，叫作"摄影师的数码影像"（DIFP）。分组讨论期间，台上台下的一些纽约知名摄影师都在抱怨相机软件，同时询问为什么在Photoshop中不能直接打开RAW格式文件。作为研讨会的赞助方之一，Adobe公司委派了一名代表出席会议。约翰·纳克（John Nack），新任的Photoshop产品经理，倾听了足够多的意见。对于约翰以及Adobe公司来说，这次研讨会的结论就是，如果Photoshop不能处理RAW格式文件，那就是个很大的问题，这一问题必须解决。

巧的是，在同一周里，托马斯·诺尔，就是和他的兄弟约翰一起研发出Photoshop的那个人，刚好买了一台佳能EOS D60数码相机，并准备带着它和家人去意大利度假。联邦快递的快递人员把相机送到的那天，托马斯正准备动身出发。他把相机以及一些镜头和软件CD光盘都装进包里，然后就去了机场。在飞往意大利的飞机上，托马斯摆弄着这台相机，把佳能公司提供的软件装在自己的笔记本电脑里，然后试着处理一些RAW格式照片文件，正如他所说的那样，那是一些他拍的其女儿耳朵的照片。托马斯发现了一个问题，这和研讨会上摄影师们所抱怨的问题相同：在Photoshop中不能处理RAW格式文件。这是一个大问题，这事必须得解决。所以，当托马斯还在意大利观光的时候，他就破译了RAW格式文件格式的秘密，找到了在Photoshop中打开RAW格式文件的方法。在那一周里，Camera Raw诞生了。

当托马斯返回家中的时候，他已经准备好了在Adobe公司讨论关于在Photoshop里处理RAW格式文件的议题了。那年夏天的晚些时候，我骑着我的摩托车去托马斯家，把我的佳能D30数码相机借给他，他已经可以把那些RAW格式文件成功解码了。关于如何向用户发布Camera Raw的问题，Adobe公司的相关人员经过了大量的讨论。一些人认为应该等到下一版Photoshop软件发布时（Creative Suite版最早问世于2003年10月）；另一些人则认为等待下一版太久了，而应该将其作为Photoshop 7的插件以网络购

图2.1 装在 Photoshop 7 里的 Camera Raw 1。请注意用户界面（UI）相当原始，只有一套调整控制面板和3种工具：一个缩放工具、一个抓手工具和一个白平衡工具

买下载。后者人（我也属于其中）最终赢了。Camera Raw 1.0（见**图2.1**）于2003年2月19日在洛杉矶举办的Photoshop世界大会上正式发布。这款应用程序只是一款Photoshop的导入插件（直到现在也是），从此广大数码摄影师可以在Photoshop里打开RAW格式文件，简易快捷地处理图像了。

2.2　Lightroom 的起源

　　Photoshop的第二任软件工程师是一个名叫马克·汉姆伯格的家伙。他于1990年2月去Adobe公司面试；同月，Photoshop 1面世，但是他是到了那一年年底时才开始在Adobe公司工作的。

　　马克始终是一位才华横溢的工程师。他主持Photoshop开发工作超过20年。他是一位高级工程师，最终被授予"Photoshop的建筑师"这一头衔。然而，当Photoshop 7于2002年4月面世之际，马克离开了Photoshop团队。他加入了Adobe数码媒体实验室的某个沙盒开发计划。这其中有一个项目是一款被他称作"像素玩具"的应用程序（见**图2.2**），这款应用程序通过从历史

图2.2 2002年秋天最初版本的"像素玩具"软件界面

记录中使用绘画工具来调整照片。马克曾开发出了Photoshop中的历史记录功能，他也想用这种思路来开发影像调整工具。他跟我开玩笑说它是"舍韦画笔"，因为他在开发Photoshop历史记录工具的时候是和我一起工作的。我的Photoshop历史记录混合技巧曾对他有所启发。

2002年秋天的时候，马克给我发来一份"像素玩具"的副本让我体验。我们来回地发电子邮件沟通。后来他在开发出的附加版本中加入了更多的功能。然而，"像素玩具"有一个很大的缺点：它一次只能处理一张照片。我把这一点告诉马克，对他讲Photoshop最初的理念也受限于此，这是个缺点。是的，你可以同时打开多张照片，但是你一次只能处理一张照片。对于Photoshop来说这没什么问题，因为那时候（数码相机普及之前）摄影师们还在拍胶片。尽管他们可能拍摄了大量的胶片，但是只有很少被选出的照片才会被扫描和进行润饰修补的操作。

然而，随着数码相机技术的发展和普及，摄影师们开始面对巨量的数码照片文件，而只会有很少的扫描文件。显然，新开发的应用程序是要面对数码摄影师们的，而仍像之前一样只能做单任务照片处理将不是一个好的解决方案。

马克听取了我的意见并开始着手设计一套全新的影像编辑模式。他发现需要实现的是一个图像数据库，所有的图像编辑参数可以被存入数据库，而无需实际编辑像素。

在2002年12月初，马克告诉我，他要带上他的团队来我的工作室就他们最新的方法与我进行头脑风暴讨论。马克和他的团队（项目主管安德烈·赫拉西姆塔克以及用户界面设计桑迪·阿尔维斯）来到了芝加哥。马克也邀请了托马斯·诺尔参加，帮助推动概念使Lightroom成为Camera Raw的后备力量。我们在我的工作室聚齐，然后展开了长时间的讨论，讨论的内容是关于新软件的设计思路问题。马克为新软件取的名字是Shadowland（虚幻境界，引用自歌星KD Lang 1988年出的一张专辑的名称）。我见到第一版Shadowland（见**图2.3**）是在2003年年中。直到2006年1月，他们才发布了最终公测版，那时候软件的名字已经被改名为Lightroom（见**图2.4**）。

关于Lightroom是如何设计和开发的，你不妨可以理解为Lightroom就是马克的Photoshop。是的，没错，他的工作是建立在托马斯的Camera Raw基础

图2.3 Shadow Land最初的用户界面

图2.4 软件的公测版已改进了用户界面，而且那时起已被改名为Lightroom

之上的，但同时他又添加了很多功能。他添加了HSL、黑白以及分离色调面板。马克还开发了色调曲线面板中的参数曲线功能。托马斯对此印象深刻，因此他把这些也添加到Camera Raw的处理工具中。托马斯的这种采纳是非常重要的一步，因为这使得Lightroom和Camera Raw两种软件的处理管道被捆绑在了一起。

许多人会好奇，为什么Lightroom的外观看起来和Photoshop如此不同。好吧，这很好回答：如果给定的两个选项分别是使用Photoshop的方式来干点什么和完全脱开束缚去干点不同的事，那么马克会非常明确地选择去干点完全不同的事，然后去试图改善Photoshop的方式。时间已经证明，这正是Lightroom的优势所在，而非弱点。事实上，Photoshop已经越来越受Lightroom的影响了。看看Photoshop CS6的新用户界面颜色，这种受到影响的迹象便一目了然。

Lightroom 1.0于2007年2月19日正式发布。这是否是一个里程碑式的日期呢？当然是。2月19日是数码影像历史上一个非常重要的日期。2月的这一天同时也是Camera Raw（2003年发布）和Photoshop（1990年发布）发布的日期。

2.3 Bridge、Camera Raw 及 Photoshop 系统

Bridge、Photoshop 及 Camera Raw 分别是两个综合的应用软件以及一个用来观看和处理数码文件的插件。Bridge 处于最前端，而 Camera Raw 则作为 Photoshop 的一个组件实现影像处理的功能。

2.3.1 Bridge

Bridge（见**图** 2.5）最早出现在第一版的 Adobe Creative Suite（创意套装）中。如同其名字的含义所指，这款软件所扮演的角色就是在创意套装中不同的应用软件之间搭起的一座桥梁。对于摄影师用户而言，Bridge 通常是他们工作最先开始的地方。

图 2.5 这是一个标准的 Bridge 界面布局，文件夹和滤镜面板在左侧，而预览及元数据面板在右侧。中间部分则是图像内容面板，有网格锁开启选项。网格锁选项位于 Bridge 视图区的下端

不像Lightroom那样由一个数据库来驱动，Bridge实际上是一个文件浏览器。单击卷标或文件夹，就会显示其中的文件。Bridge会解析文件，生成图标，并显示嵌入在文件中的元数据。Bridge在电脑缓存中存储图标文件，但是Bridge自己不会记忆文件。如果一个文件夹被移走或一个卷标被改动了，Bridge就会忘记这些文件。这有点像短期记忆。

Bridge为数字底片所生成的图标和预览是通过Camera Raw来完成渲染的，这需要你对图标选项进行设置。如果选项设置为"首选嵌入式图像"，那么Bridge会仅仅解压出JPEG格式文件预览中的Exif信息。这种方式很快捷，但是不太精确。我已经把我的图标选项设置成"始终使用高品质"（见**图2.6**）。

图2.6　在Bridge主界面的顶部右侧，有一个下拉菜单。当需要查看数字底片的时候，我总是想让Bridge通过Camera Raw生成精确的缩览图和预览

我经常被问及是否使用Bridge或Lightroom。我的答案是：是的。好吧，说实话，两个软件我都会经常使用，但针对不同的任务，我的选择会不同。我使用Bridge对某一个文件夹做快速浏览，包括当我工作的项目会涉及一些非图像文件时。由于我会使用InDesign和Illustrator做一些设计或出版项目，我发现Bridge真是必不可少的工具。Bridge可以帮助我管理所有类型的文件，包括RAW格式文件，所以这软件真的非常有用。然而，我拍的每张数码照片最终都会被导入到Lightroom中去。因为Lightroom和Camera Raw使用同样的参数语言，所以同时使用这两种软件真的很方便（只要你明白如何把Camera Raw处理的图像文件设置移动到Lightroom中应用，这两种软件可以交替使用）。

2.3.2　Camera Raw

Adobe Camera Raw（ACR）只是一个用来把RAW格式文件导入Photoshop的插件。但是随着时间推移，版本更新，Camera Raw已经变得越来越丰富了。不仅应用于Bridge和Photoshop，Camera Raw的处理管道也是Lightroom软件的基础。

Camera Raw有着有趣的特性，它可以被Bridge（见**图2.7**）或Photoshop托管（或者被两者同时托管）。想了解是哪一个软件在实际托管Camera Raw的方法是，查看Camera Raw界面（见**图2.8**）底端的按钮。当ACR被Photoshop

图2.7　Camera Raw 由 Bridge 托管运行的时候，在 ACR 的 "胶片" 模式下，左侧的竖栏会显示多张照片

| 打开对象 | 取消 | 完成 | | 打开对象 | 取消 | 完成 |

▲ Camera Raw 由 Photoshop 托管　　　　▲ Camera Raw 由 Bridge 托管

图2.8　Camera Raw 托管解析

托管的时候，"打开对象"按钮是亮的；当它由 Bridge 托管的时候，"完成"按钮是亮的。

　　你可能会问，为什么要在 Bridge 中打开 Camera Raw 呢？在摄影照片这块领域里，当只需要做一些初级编辑和基础图像调节的时候，完全可以只在 Bridge 中完成，而无需打开 Photoshop。你可以快捷地在 Camera Raw 中打开照片，做一些调节，然后单击"完成"按钮。另一个要在 Bridge 中打开 Camera Raw 的原因是，在这里可以为照片分级、贴标签，以及在 Camera Raw 中为多张照片做图像调节，然后单击"存储图像"按钮，之后再在 Photoshop 里进行处理。

　　Camera Raw 的默认设置可以被用来为 Bridge 生成缩览图和预览图，这是非常简单的任务。未经基本渲染的数字底片其实无法看，也没用。除非你将 Bridge 的默认设置更改，否则 Camera Raw 会使用相机植入的默认设置来显示渲染图标和预览图，而这是数字底片在被 Bridge 预览之前发生的事。

　　Camera Raw 首选项对话框中的默认图像设置栏目（见**图2.9**）允许控制应用默认值的方式。Camera Raw 可以针对不同的相机序列号或照片 ISO 值应

注释：ACR 并未被限制只能打开 RAW 格式数字底片；它也可以打开 JPEG 和 TIFF 格式文件（没有图层）。基于本书写作目的限制，我将仅对数字底片展开讨论。

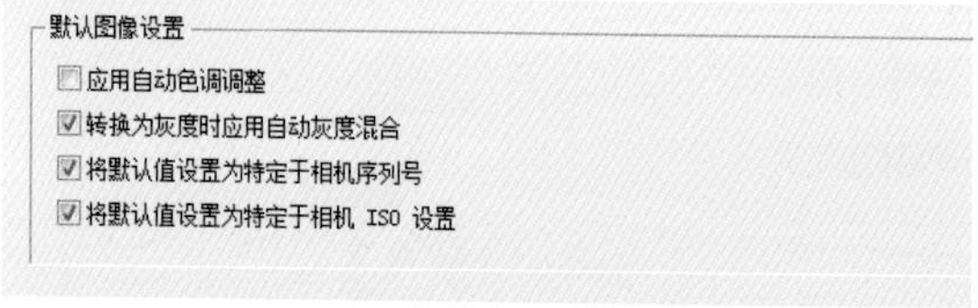

图2.9　Camera Raw的"默认图像设置"

用不同的默认值。如果你有多台同型号相机机身，而这不同的机身拍摄的颜色或色调会有轻微不同，这种情况下针对某一个相机序列号而存储一个默认值就很有用。Camera Raw 的默认设置是关闭降噪功能的，因此你可以为常用的 ISO 值拍摄做一个基本的降噪设置，然后当你从 Bridge 中第一次查看照片的时候，那些默认设置就会被自动应用到照片上去了。

　　Camera Raw 的默认设置并不权威神圣。它们既不客观正确，也不特别准确；相反它们只是针对 RAW 格式文件数据处理的初级的、随意的设置。默认设置所体现的其实是那帮开发 Camera Raw 的软件工程师们对于数字底片的常规观点。

　　经常会有一些摄影师抱怨 Camera Raw 默认设置显示的照片效果，和摄影师们都喜欢的照相机 LCD 屏上显示的效果不太一样，和相机厂商提供的 RAW 格式专用处理软件处理出的效果也不同。这是因为 Camera Raw 没有使用相机厂商提供的处理模式，所以缩览图和预览图的显示效果永远不会和相机 LCD 屏的显示效果一致。不过当我讲过 DNG 配置文件之后，Camera Raw 的用户也可以修改默认设置，实现数字底片更好的颜色和色调渲染效果。你也可以把自己的 Camera Raw 默认设置修改成非常精确地模拟照相机的显示效果。

小贴士：顺便提一下，如果同时使用 Camera Raw 和 Lightroom，这两个软件会分享共同的 Camera Raw 默认设置，这样一来会很有用处，但也会带来一点麻烦。如果你更改了 Lightroom 的默认设置，那么 Camera Raw 的默认设置也会因之而改变。

2.3.3　Photoshop

　　关于 Photoshop 我还能说出些什么未曾被写过的新鲜东西呢？的确不是很多。如果在亚马逊网站上搜索"Photoshop 图书"，那么你会搜出 7000 个结果来。地球上已经有过无数的关于 Photoshop 的信息了，我甚至也和我的好朋友兼同事马丁·伊文宁（Martin Evening）联手写过一本介绍 Photoshop 的书，那本书叫作 *Adobe Photoshop CS5 for Photographer:The Ultimate workshop*。

　　本书的侧重点则不同，我认为把在 Camera Raw 中进行参数编辑（调整图像的参数）和在 Photoshop 进行像素色阶编辑，这两种方式的关系搞清楚很重要。Bridge 和 Camera Raw 配合起来工作可以给图像批处理工作提供更有效的工作流程。而 Photoshop 则为图像处理工作提供了更强大、更精确的高级方案，可以最终实现完美的处理结果。

图2.10所示为一张照片在Bridge中被挑选出来，并在Camera Raw中处理，最终在Photoshop中打开的结果。在这一环节，你可以使出全部的力量和所有的Photoshop技巧来处理出完美的照片。我会在第5章中深入介绍Photoshop的强大潜力，现在我只能简单地说，Photoshop可以提供精确的蒙版、大量丰富的修改润饰以及做多重图像合成的编辑功能。

Bridge、Camera Raw和Photoshop这三者的混合搭配使用可以实现非常有效率的RAW格式文件处理工作流程。两种应用软件和Camera Raw插件一起工作，实现首尾相连、紧密连接的影像处理方案。如果你的某个项目拍摄量相对来说不是很大，而且不是那么急着要把照片导入图片库，那么Bridge、Camera Raw和Photoshop这三者的混搭使用是一个极好的方案。如果你的拍摄量很大，而且有一个巨大的图片库，那么较为合适的应对方案应是使用Lightroom。

图2.10 在Photoshop中打开一张照片，新版Photoshop的界面和Lightroom很像

2.4　Lightroom方式

　　在2.2小节中，我曾提及Lightroom采用的是非Photoshop方式。它的用户界面设计是基于一种单窗口界面（SWI），这种设计形式的意图是通过转换功能模块来执行任务功能。显然，这种模块化的方式比Photoshop中的面板式的操作方式受到更多限制，在Photoshop中可以拆分面板自由组合。我知道这种方式会让有些人抓狂，而我对此有一定的理解。但这就是马克·汉姆伯格所预想的Lightroom的工作方式。**图2.11**所示为Lightroom的工作界面，选取的照片文件夹和之前演示Bridge界面的是同一个（参见**图2.5**）。

　　和Bridge不同，未曾导入到Lightroom的文件夹不能被浏览。我将会在第6章里详细描述导入过程，现在你只需明白这一导入的概念是Lightroom数

图2.11　Lightroom的主图库模块

据库的基础。导入的动作会生成缩览图和预览，以及读取图像的元数据，这些就像在Bridge中一样，但是每张照片会生成一个数据库的照片记录，而且所有的元数据都被存储在一个数据区里。所以，Lightroom对图像信息的获取会在目录里形成一个永久的记录。这（多数情况下）是一件好事。

这种方式的不足之处就是，当用户从资源管理器/Finder（Windows/Mac）中对硬盘里的文件名或结构进行更改时，Lightroom不会识别出这种变化，以至于最终在目录中会出现一团糟的局面。我之所以把本节的标题取作"Lightroom方式"就是想强调，操作Lightroom有正确的方式也有错误的方式。正确的方式就是直接在Lightroom里操作——如为文件或文件夹改名或移动位置，而不要去资源管理器/Finder。

Lightroom方式的优势在于，在照片目录内发生的任何事，Lightroom都知道（如图像参数编辑以及关键字修改等），而且可以让你在海量照片中以很快的速度检索和过滤。

图2.12所示为我所创建的文件夹目录，并已被导入Lightroom里。你会发

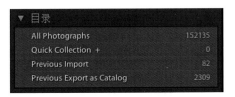

▲ Lightroom目录面板显示目录中照片记录的总数

◄ Lightroom 文件夹面板逐级显示每个文件夹中照片的数量

图 2.12　文件夹面板与在硬盘中的管理文件一样

小贴士：默认设置下，Lightroom 会把导入的照片文件存储到用户/图片文件夹（Mac系统）或用户/我的图片文件夹（Windows系统）。我是把照片存储在一个巨大的外部磁盘阵列里，导入的照片也放在这里。你可能会发现我的根目录文件夹名前都有一个波浪线（~），这样的做法对苹果计算机而言是有好处的，如果是Windows操作系统，我会使用连字符（-）或下划线（_）。

现"～DigitalCaptures"文件夹内总共有136 376个照片文件，而目录面板上显示，这个目录里的照片文件总数为152 135个。你可能要问，在数码照片文件夹中显示的文件总数和在目录中显示的文件总数之间所差的那15 759个是怎么回事。好吧，为了便于管理，有时我会把同样的文件做多份副本。请注意看有两个文件夹（～RWCR-Stuff和～RWIS-CS4）所包含的文件数占总计数差异的绝大部分。这两个文件夹包含的原文件以及渲染过后的文件，是我用于写某本书而放在一起的。我没用Lightroom的方式去创建收藏或使用关键词管理，我倾向于在资源管理器里操作实际的照片文件夹，这样我可以把整个文件夹复制到我的笔记本电脑，用于打样或外拍工作。

就像在Bridge中使用Camera Raw来做数字底片的图像调整一样，在Lightroom中，可以在修改照片模块里对图像参数进行调整。

关于这二者的异同是这样的，两者的基本工具和图像调整差不多都是一样

图2.13 Lightroom的修改照片模块

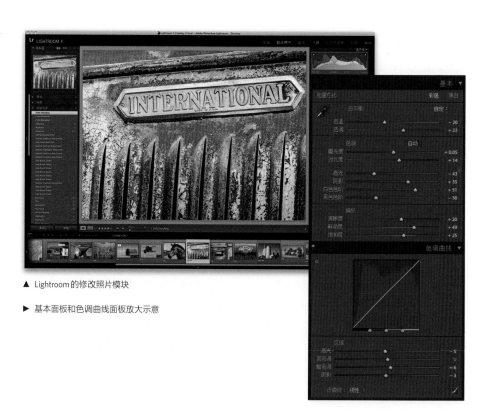

▲ Lightroom的修改照片模块

▶ 基本面板和色调曲线面板放大示意

的，只是在界面上和易用性方面有微小区别。**图 2.13** 所示为基本的修改照片模块以及基本面板和色调曲线面板局部细节。我会在后面的章节里着重讲述这二者的区别，现在我只想在易用性方面提一点：不像 Camera Raw 那样受到单面板的限制，Lightroom 允许同时操作多重面板。**图 2.13** 中所示的两块面板多少体现出二者的差异，相较于 Camera Raw，使用修改照片模块有明显的优势——精细调节图像的时候，在不同面板间来回切换操作是很轻松的事。Lightroom 提供的同时多重面板开启的设计真的很方便。

在本书中，我不会对 Lightroom 的每一个特性都进行深入探讨，但我还是会给出我自己的建议，关于 Lightroom 的任何问题，可以参考 *The Adobe Photoshop Lightroom 4 Book: The Complete Guide for Photographers* （Adobe Press），这本书是我的朋友兼同事马丁·伊文宁所著。我本人不是凡事都用 Lightroom 解决，当我遇到难题，想知道某一个特性或功能如何工作的时，马丁的这本书就是我求助的方向。

Lightroom 和帕累托法则

Lightroom 的设计初衷是遵循帕累托法则的（也被称为 80/20 法则），这一法则本意是说意大利 80% 的土地归 20% 的人所有。维尔弗雷多·帕累托是一位意大利经济学家，但 Lightroom 跟人口和财富可没什么关系，只是符合它的推论：Lightroom 的设计结果可以满足一个摄影师 80% 的对于照片处理的需求，剩下相对少量比例的（20%）需求则留给 Photoshop 处理。随着 Lightroom 的改进完善，一版又一版的更新，我想这一比率现在更接近于 90:10，或者对于有些摄影师而言，这一比率该是 95:5 或更大。

巧的是，这一设计某种程度上也会引发一个经济的命题。你可以在 Lightroom 中完成绝大部分的照片处理任务，然而对于少数被精选出的照片而言，你仍然需要使用 Photoshop 并投入足够多的时间和精力去处理它们。这就是马克·汉姆伯格在 Lightroom 最初研发的时候所预期的（在这方面我也曾鼓动过他）。

那么 Lightroom 能否替代 Photoshop？对一些人而言答案是肯定的。但是我想强调的是，人们对 Photoshop 的需求是减弱了而不是消除了。可以肯定的是，Lightroom 永远不会拥有 Photoshop 在像素编辑方面的强大功能和适用性。不过道理是这样的，你越是能够轻松地批量处理海量照片，你越有时间在 Photoshop 里完善那些精选的照片。

2.5 Camera Raw和Lightroom不同版本之间的关系

　　由于Lightroom使用的是Camera Raw的处理管道，那么理解Lightroom和Camera Raw如何与Photoshop进行互相关联就很重要了。当你把用Lightroom处理过的照片在Photoshop中打开的时候，有以下两种可能会发生。

- 当Lightroom和Camera Raw的版本相匹配时，Lightroom使用一种叫作桥通话的程序代码把数字底片原文件直接发往Camera Raw去做渲染处理。所以，如果你使用的是Lightroom 4.1和Camera Raw 7.1，那么这两个版本是同步的，Lightroom只需把照片文件发往Photoshop就行了。当你在Photoshop中打开照片处理的时候，你可以选择"存储"或"存储为"，Photoshop会按照Lightroom存储照片文件的位置存储，被处理过的照片会被添加回Lightroom的目录里。

- 当Lightroom和Camera Raw的版本不同步的时候，默认设置下，Lightroom必须对照片进行渲染处理，并存储文件（在原文件所在的文件夹里），文件名会以"-edit"结尾，并把处理过的文件发往Photoshop处理。这种搭配并非是Lightroom和Photoshop的优化组合（其他种类的第三方像素编辑软件也同理）。当Lightroom和Camera Raw版本不同步的时候，Lightroom会显示警示对话框，如**图2.14**所示。

　　有些人可能会认为，这是Adobe公司故意设置的一个邪恶的小阴谋：迫使你对Photoshop和Lightroom进行同步升级。其实真的不是。版本不同步的Lightroom和Photoshop软件开发包（SDKs）之间存在技术的局限，这种局限会限制两种软件的沟通。实际上，只要你使用Lightroom渲染照片，任何最新版的Photoshop甚至于Photoshop Elements都能够显示这些来自于Lightroom的照片文件。

图2.14　当与Camera Raw不兼容时，Lightroom弹出的警示对话框

2.6 在Lightroom、Camera Raw和Photoshop之间的色彩管理

色彩管理这事可能让人感觉复杂混乱而且令人沮丧，而我能把这件事变简单：选择一个工作使用的色彩空间，然后就以此为准。我就是这么干的。多年以前，我的一位已故的朋友兼合作伙伴布鲁斯·弗雷泽曾主张过，RGB图像的处理工作应该在尽可能大的色彩空间里进行，而且应该是16位深度的文件。布鲁斯曾向柯达公司咨询过，并自己测试过一个色彩空间，当时柯达将此色彩空间命名为Reference Output Medium Metric（ROMM）RGB。这名字着实拗口冗长，后来柯达将其重新命名为ProPhoto RGB，这样就好多了，你觉得呢？

无需导入ICC色彩特性文件图形和图表，让我来把这件事简化：ProPhoto RGB是唯一能够满足Adobe RAW格式文件处理应用软件的足够大的色彩空间，它能够覆盖照相机所能捕捉到的任何色彩信息，而且当今所有的顶级打印机都能使用。当托马斯·诺尔研发Camera Raw的时候，ProPhoto RGB给他留下了深刻印象，他把ProPhoto RGB的色度值并入程序，把伽马值1.8变换为线性的伽马值1。这样变换伽马值的原因在于，在Camera Raw内部的处理管道中，可以保存RAW格式文件的线性色调分布。

是的，有些专家宣称ProPhoto RGB"太大"，其中13%的色彩为虚构色彩，是在可见彩色光谱中压根不存在的色彩。他们还说，这种过大的彩色空间牺牲了色域的体积，而且以色彩精确度为代价，是一种为了"不必要的颜色"的浪费。我使用ROMM RGB以及后来改名为ProPhoto RGB的色彩空间有20年，我从未遇见过任何原因可以被归结为色彩精度问题的案例。我却曾受益于这种相机可捕捉到的完整的色域。我得承认有一个限制，那就是ProPhoto RGB的色彩坐标跨越幅度那么大，以至于有必要在进行处理的时候，使用较高位深度的照片（参见边栏"在Photoshop中的16位误称"）。

我的建议就是，保持简化。在使用Camera Raw、Lightroom及Photoshop工作的时候，分别在三个地方设置正确的色彩空间是很重要的。**图2.15**呈现的就是，我为拍摄杰出照片而准备的色彩管理设置。

一旦三个色彩空间设置匹配了，你就无需操心色彩管理的问题了。但这并不意味着进行RGB照片处理时就没有其他问题了。例如，如果想把处理好的照片上传到互联网上，而又不想使用ProPhoto RGB，存储或输出为sRGB对

图2.15 Camera Raw、Lightroom 和 Photoshop 的色彩管理设置

◀ Camera Raw 的"工作流程选项"对话框

▲ Photoshop 的"颜色设置"对话框

◀ Lightroom 的"首选项"对话框中的"外部编辑"标签

网络或多媒体而言是理想的选择。当你在外边着手打印输出或出版事项的时候，ProPhoto RGB 也可能会出现问题。当照片脱离你的实际控制范围的时候，你无法保证别人会遵守你的色彩管理设置。因此当你把照片发给别人的时候，我建议你先把它们转换到 Adobe RGB 模式，而不是直接发送 ProPhoto RGB 模式的照片。

你可能注意到，在**图2.15** 所示的截图中，我的 Photoshop 颜色设置为一个自定义保存的设置，名为 Jeff 's ProPhoto RGB。我把 RGB 工作空间选为 ProPhoto RGB 并且改变灰色设置为 Grey gamma 1.8（这样的设置对摄影师处理 RGB 图像和灰度图像都有用）。基于对色彩管理策略的考虑，我把 RGB、CMYK 和灰色都选为"保留嵌入的配置文件"。对于使用 ProPhoto RGB 而言，这有点可怕：如果有人如此设置以忽略嵌入的配置文件，照片可能看起来就很糟糕了。另外，当配置文件不匹配时，我设置为打开时不询问，粘贴时不询问。

在Photoshop中的16位误称

关于8位通道的概念很简单：在黑与白之间包含256个级别的灰阶（2^8=256）。而10位通道包含了1 024个级别的灰阶（2^{10}=1 024），12位通道则是4 096级灰阶（2^{12}=4 096）。那么，16位通道是否应该就是65 536级别的灰阶呢（2^{16}=65536）？

好吧，答案是，是又不是……这是软件的原因所致，Photoshop实际上只使用32 768个级别的灰阶，即从0（黑）到32 768（白）的分布。这种方式的好处是在黑与白之间有一个确定的中间点，这对于图像处理和图像合成等操作是非常有用的。

对于那种声称Photoshop应该使用真实16位的说法，我想以此回应，15位的精度对于任何用途其实已经足够用了，除非是用于科学研究，据我所知目前为止没有任何一款相机能够捕捉到的信息是真实完整的16位/通道的。如果到了相机能够捕捉到超过32 769级/通道的时候，软件将会已经从16位整数通道更新升级到32位浮点通道了。目前Photoshop、Lightroom及Camera Raw已经支持32位浮点TIFF格式的文件了。

我实在不想见到那唠叨的警告提示了。然而，如果偶然遇到没有配置文件的照片，我还是希望有提示出现。这类情况被我的好朋友安德鲁·罗德尼称为"神秘肉"（看不见肉的菜肴——译注）。唯一一次我遇到配置文件缺失警告的情况是，为了导出用于网络的照片，我在导出照片的时候有意去除了其中的配置文件。不过我知道去除配置文件的目的是网络用途，因此如果在Photoshop里打开没有配置文件的照片时，我可以为其简单指派sRGB配置。

对于RAW格式文件处理而言，彩色管理的另一个关键方面是电脑的显示器及其配置文件。Camera Raw、Lightroom及Photoshop这三个软件能否准确渲染照片色彩，都取决于显示器的配置文件。或者我换一种简单的说法：如果希望显示器正确显示照片，那么你得为显示器做硬件校准。这与显示器的品牌以及型号关系不大，而主要取决于校准过程和显示器的配置文件。

我的工作室配置的是宽色域显示器，是一台NEC显示器，使用SpectraView校色软件。对于笔记本电脑而言，我使用一台爱色丽i1Display Pro来为其校准（其实我从不使用笔记本电脑做重要的照片显示）。无论使用什么样的显示器或校准方式，关键是要以正确的方式应用。我的显示器的白点设置为D-65，显示器屏幕伽马值2.2（我的笔记本电脑除外，我会使用笔记本电脑自带的伽马值，这样做是为了避免显示屏条带现象出现）。我的显示器亮度设置为150坎德拉/平方米

（cd/m²），对比度设置为300/1。确定显示器亮度的关键在于，在标准观看环境中，确保显示器显示的白色与输出照片的白色对应一致。

2.7　DNG文件格式和DNG转换器

基于一种对现实的问题的考虑，Adobe公司需要迅速扩大影响，而RAW文件格式尚未发布，于是Adobe公司（托马斯·诺尔）决定为此做点什么。在2004年9月，Adobe公司发布了最初的数字底片（DNG）文件格式。发布DNG文件格式的目的是为了创建某种秩序，以摆脱当时数码照片文件格式混乱的局面。如我在第1章中概括的那样，摄影行业已经出现了太多种类的数码照片文件格式，短时间内又没有真正意义的RAW文件格式标准。

为了解决这一问题，托马斯主张建立一个标准化的RAW文件格式，一种具有更具深度和广度应用性的存档格式。DNG格式是与ISO 12234-2规格的TIFF Electronic Photography（TIFF/EP）相匹配的文件格式，这是大多数相机厂商以某种形式使用的规格。Adobe公司向国际标准化组织（ISO）提交了DNG规格，作为一种TIFF-EP的升级版本。遗憾的是，国际标准化组织的工作进度是出了名的慢（其实是很细心，是好事），而当结果出来的时候，它就得面对已存在的标准了。所以，我也说不清关于采用DNG格式的TIFF-EP规格这件事到底曾发生过什么。

抛开各种因素的影响，DNG作为一种数码文件格式，至少还意味着一件事，那就是它为旧软件的使用者们提供了一个兼容新相机输出文件的机会。免费的DNG转换器，与最新版的Camera Raw同时发布，它能够把最新支持的RAW格式文件转换为DNG格式的文件，而DNG格式可以由老版本的Camera Raw和Lightroom读取。

2.7.1　选择DNG格式还是拒绝DNG格式

那么，现在有一件事摆在面前了：简而言之，我并不真正关心是否能够把我所有不同种类的RAW格式文件转换为Camera Raw和Lightroom可识别的当前版本。我也从不关心Adobe软件最新支持哪些相机输出的RAW格式文件，我关心的是我该怎么办。

事实上，当你使用Camera Raw或Lightroom的时候，保持原始RAW格式文件而不是把它们转换成DNG格式，这样做是有好处的。在Camera Raw和Lightroom中，如果你把照片的修改设置存入DNG文件，那么修改日期就会被更新。这意味着，如果你的软件开启了备份功能，每次文件修改日期更新都备份的话，DNG格式的文件会被频繁备份。为了说明这种牵连影响，回到之前那张锈迹斑斑的旧卡车照片案例。那张照片是我使用飞思IQ180中画幅数码后背拍摄的。数码后背是8000万像素，输出的数字底片文件所占存储空间则是80MB（大约如此）。转换成DNG格式后，文件所占存储空间增至105MB（飞思后背输出的IIQ文件的DNG压缩效果不怎么好）。那么，如果我对DNG文件的每次修改设置都会被备份，软件每次都要复制那100多MB的文件用以备份。

相对而言，使用原始的飞思IIQ文件，图像调节被存储为XMP文件（Camera Raw或Lightroom软件所使用的一种文本基础的附带文件，而不是把修改写入RAW格式文件），这种文本文件所占存储空间只有200KB。所以，100多MB和200KB……你来算算看哪种方便。

另外一方面，如果考虑到长期的数码照片文件处理过程与保存，这件事就变得有点严峻了（参见边栏"数码照片的保存"）。

小贴士： 当使用DNG转换器转换文件的时候，要记着，这软件是为用于整个文件夹的RAW格式文件批量处理而开发的，不是针对单独文件转换而设计的。

2.7.2　Adobe DNG 转换器

无论何时何地，当你打算把RAW格式文件转换成DNG格式的时候，我要提醒你一点，那就是DNG文件格式的版本是与时俱进的（2012年早些时候，DNG规范版本为1.4）。免费的DNG文件转换软件Adobe DNG转换器（见**图2.16**）以及在Camera Raw 7.X和Lightroom 4.X中的DNG转换功能都提供了一些新的、有趣的功能。

图 2.16　Adobe DNG 转换器界面

数码照片的保存

关于模拟摄影介质的长期保存和转换，有着一整套基于科研支持的传统方式，是目前可知最好的存档方式。然而数码摄影（或任何形式的数码文件，如视频、音频或文本）则是极其脆弱的，文件载体很容易崩溃或出现消磁问题。若要保证文件在未来依然能用，则必须保存在足够可靠的媒介中，并置于足够可靠的场所。但是即便你正确地备份、存档、存储数码照片文件，这是否能保证这些数码照片能够在 5 年、50 年或 500 年后还能使用呢？也许很悬。

有效保存数码文件这一命题如今已成为当今社会的一大挑战了。自从数码媒介迅速地成为主要的，甚至往往是唯一的创造、传播、存储形式，数码媒介的内容如今体现了整个国家的知识、社会和文化历史。数码介质的内容，尤其是摄影，正经历着在未来可能消失的风险。如果我们的社会损失了当前的知识、社会和文化历史，那么这主要体现为未来的我们的后代的损失。想象一下，如果我们再也看不到如温斯顿·丘吉尔、贝比·鲁斯或阿尔伯特·爱因斯坦等人的人像照片，或是当年莱特兄弟首次试飞的摄影记录，我们的世界将会怎样。

在 2000 年 12 月的时候，美国国会通过了拨款 100 万美元用于建立一个战略性的国家数字文件保存的计划，由国会图书馆领导，这一计划的名称是国家数字信息基础设施和保存项目（NDIIPP）。

这一长期的保存计划中有一个至关重要的环节就是，关于数字"文件"该以何种格式保存的问题。为了保证项目具有"可持续性"，必须使数字"文件"处于一个用户和存档机构都能操作的技术环境之中。NDIIPP 已经定义了以下 7 种可持续性因素，所应用的数字格式对应于所有种类的信息数据。

- **公开性**：以完整的规范和工具的开放程度来确认存在技术的完整性，而且对那些创造和保存数字内容的用户而言是容易访问的。若是没有对数码文件中位如何表示（编码）信息的理解，对于给定数字文件格式做长期保存这件事则是不可行的。

- **可接受性**：这要看这一格式已经被主要的创作者、传播者或信息来源使用者们使用的广泛程度。这包括作为一种主要格式被应用，传送至最终的用户，作为一种与系统之间的交换信息的方式。如果一种格式被广泛接受采纳，那么它不太可能会迅速过时。

- **通透性**：以基本工具对数字表示进行直接分析的开放程度。在数字格式中的底层信息可以被简单直接地表示，这将有助于迁移至新格式，并更易激发数字考古。如果文本内容，包括文件中的元数据，被嵌入为标准字符编码，并且按自然读取次序保存，通透性将得到加强。许多数字格式使用加密或压缩的方式。加密的方式与通透性是不相容的，而压缩也会抑制通透性。

- **自文档**：数字对象的自文档化（意思是文件本身包含内容和格式的信息），很可能更易于实现长期的保存，以及更不易受到灾难影响。而对于那种所有元数据被分开储存的数据对象而言，则需要以有用信息的方式或理解语境的前提来渲染数据。一个数字对象包含了基本的描述性元数据，也采用了关系到其创建本身的技术性和管理性元数据，这将易于管理和监控其完整性和可用性，以及使其从一套档案系统可靠地传输到后续系统中。

- **外部依赖性**：特定文件格式依赖特定的硬件、操作系统或渲染或应用的软件，以及在未来的技术环境中处理这些依赖性时遇到的可预期的复杂程度。

■ **专利的影响**：数字文件格式的专利（某种知识产权的形式）可能会抑制档案机构对于以该文件格式保存信息或内容的能力。虽然对当前文件格式解码的许可证成本往往很低或为零，但专利的存在可以延缓这种对开源编码器和解码器的开发。

■ **技术保护机制**：保存数字内容，并以此为用户和指定群体提供数十年的服务，保管人必须能够在面临技术变革的情况下，把内容复制、转移并规范化到新媒介里。保管库对于内容的保管体现了一种长期的责任，决不能受制于技术保护机制，如编码加密或以某种形式加密，那样会阻止保管人采取适当的措施来保存数字内容，以及为子孙后代提供便捷的访问途径。

如你所见，上文提到了7种影响可持续性的因素，数码摄影师的确面临风险——面对无法存档的、不同种类的RAW文件格式。有些人会说，现存的有些文件格式，如JPG或TIFF格式，可以降低这种风险，但是这样的文件格式无法保存感光元件最原始的未经处理的数据信息。我们要保存的是感光元件生成的原始数据信息，而我们能预见到不出几年，RAW格式文件处理软件就会发生很大幅度的发展变化。基于对NDIIPP可持续性因素的考虑，以及对于长期保存和数字底片转换功能的需求，DNG文件格式就可以得到很高的评价了。

这一局面是怎样演进的呢？摄影史上，在摄影媒介、材料的保存方面，胶片或相纸制造商扮演了传统的角色，他们制定了保存标准。而相机制造商们则无需为此负担责任，不用去制定保存的标准。当数码摄影革命开始的时候，

相机制造商们意识到他们自身陷入了一种非同寻常而且尴尬的境地，他们除了要担当相机和镜头的生产者角色外，还要延伸至数码照片的后期处理领域。对于这个技术性问题，相机生产厂商们拿出的短期解决方案是，把感光元件生成的原始数据写入光盘，或是以专属的RAW文件格式存储。每种感光元件类型和它的RAW文件格式都是适用于解决这种短期的数据写入问题的。对于长期稳妥地保存数据的问题，几乎未曾出现过相应的解决方案和标准。

到目前为止，针对不同类型的不可存档的专属RAW文件格式，相机制造厂商们都没能解决这些原始数据文件作为数码摄影的长期保护问题。这种局面必须改变。标准必须制定出来，而且必须能够确保数码摄影的可持续发展性。这是相机生产厂商们的新责任，如果他们不主动担起这份责任的话，整个相机工业会迫使他们负担这份责任的。

好吧，关于这个话题先告一段落。

DNG 转换器的使用操作非常简单。选择包含原始 RAW 格式文件的文件夹，然后选择你想要存储 DNG 文件的文件夹，再决定你是否要为这些将要生成的 DNG 文件重命名（默认设置下，DNG 的扩展名会被添加到原始文件名后，以防止覆盖原始文件），再然后设置 DNG 转换器的首选项。Camera Raw 7.x 和 Lightroom 4.x 都包含同样的基础功能，以及存储为 DNG 格式的选项。

DNG 转换器的首选项设置对于 DNG 文件转换而言是非常重要的。如果你想要针对较老版本的软件转换 DNG 格式的文件的话，兼容性设置必须正确才行。新的 DNG1.4 规范提供了一个叫作快速载入数据的功能，这一选项是选择在 DNG 文件中是否添加预览数据。这可以在 Camera Raw 和 Lightroom 的修改照片模块中提升加载照片文件的速度。当然这也会让 DNG 文件所占存储空间稍微变大一点，但是权衡下来这一功能绝对有用。然而，必须说明一下的是，开启快速载入数据转换的 DNG 格式文件可能会不被第三方软件支持。

关于 DNG 转换软件的另一新功能就是提供可以进行有损压缩的功能，这可以使 DNG 文件所占存储空间大大缩小，甚至可以降低实际 DNG 文件的采样率。前一个版本的 DNG 转换器允许无损压缩到某种大小，然而这一新功能可以真正意义地实现 DNG 文件所占存储空间的减少。**图 2.17** 所示为 DNG 转换器的首选项对话框中提供的不同选项。

增设 DNG 文件有损压缩和降低采样率的功能对于 DNG 文件来说很有意思，却有点可怕。下面谈谈为什么会可怕。

■ **有损压缩会使照片从原始文件中丢失一些东西**。软件使用的有损压缩是 JPEG 式的（压缩比率大概分 10 级，可选定比率）。为了实现压缩处理，照片必须被色彩插值化，并被保存为一个线性 DNG 文件。那么，从传统意义上讲，它已不再是一个真正意义的 RAW 格式文件了，但它仍具有线性伽马曲线，这就意味着它可以在 Camera Raw 和 Lightroom 中作为一个 RAW 格式文件被处理，并具有不错的表现。

■ **降低采样率会降低原始分辨率**。虽然有损压缩的 DNG 文件是可编辑的，但是它将不再拥有原始文件的全部分辨率了。不过如果一旦因为文件名相同而导致原始 DNG 文件被小采样率 DNG 文件替换过，那么你要承受损失并吸取教训，不过这倒也不会是个问题了。

但是，在文件传送或交换的过程中，有损压缩和降低采样率的功能就很有帮助了，毕竟有损压缩的 DNG 文件依然可以在 Camera Raw 和 Lightroom 中编辑。为了更直观地体会，请查看表 2.1。我用来转换成 DNG 格式的照片依然是那张锈迹斑斑的老卡车的照片。

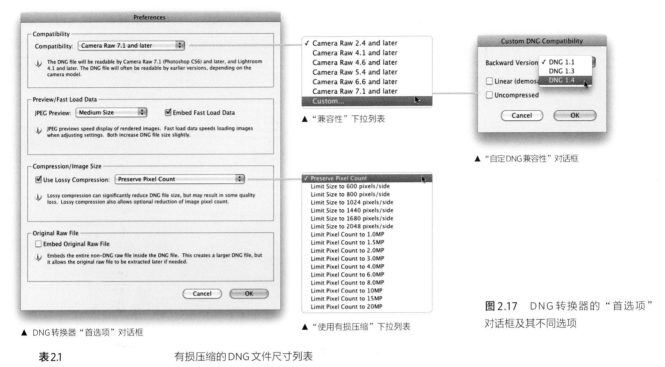

▲ DNG 转换器"首选项"对话框

▲ "兼容性"下拉列表

▲ "自定DNG兼容性"对话框

▲ "使用有损压缩"下拉列表

图 2.17　DNG 转换器的"首选项"对话框及其不同选项

表2.1　　　　　　　　　　　　　　　　有损压缩的 DNG 文件尺寸列表

文件格式	文件大小
开启快速载入数据的原始DNG	105.7 MB
选择有损压缩的DNG	29.1 MB
选择有损压缩的将像素数限制为20 MP的DNG	10.3 MB
选择有损压缩的将像素数限制为3 MP的DNG	1.8 MB
选择有损压缩的将像素数据限制为1 MP的DNG	541 KB

　　如你所见，图像压缩的潜力空间巨大。遗憾的是，在众多DNG的潜力话题中，我们是从有损压缩开始谈的。压缩过的DNG文件的确保存了可编辑功能，但是在转换成原始DNG文件和有损压缩DNG文件的过程中，移动XMP文件中所包含的数据修改设置功能尚未实现（任何压缩比的DNG文件都只能由RAW格式文件转换而来，而RAW格式文件的编辑修改信息以文本文件XMP的形式独立于RAW格式文件之外存在，XMP文件中的修改信息不能被同时转换进DNG文件——译者注）。如果在传播压缩DNG文件的时候，可以同步保持最新编辑的结果，那么研发DNG格式的某种代用格式的想法也许可以使这样的愿望成为可能。我了解托马斯·诺尔以及Camera Raw的工程师们的想法，但是在这个问题点上，我不知道以后会发生什么。

在位于南极半岛的拉美尔水道附近，一只海豹懒洋洋地躺卧在浮冰上。拍摄这张照片使用了一台佳能 EOS-1Ds MII 相机，配一支 70-200mm 镜头，感光度设置为 ISO200。

■ 第3章

Lightroom和Camera Raw
的基本原理

　　无论使用Lightroom还是Camera Raw，RAW格式文件处理的基本原理都是一样的。以最初默认的照片预览为参考，需要调整的是全局（整个照片范围）和局部（照片中单独的某一部分）的色调分布以及颜色校正。另外还有一些基本的修改，如裁切或污点修复等。

　　也许你像我一样，喜欢调整照片直到令自己满意为止，不过有时候这样的过程相当令人沮丧，而且耗时。本章的内容会尽力帮你去除那些令人沮丧的因素，让照片调整过程更有效率，从而使数字底片的处理过程拥有更多乐趣。

3.1 Lightroom和Camera Raw的默认设置

当你第一次把照片导入Lightroom，或是在Bridge中浏览的时候，Lightroom和Camera Raw在数字底片如何显示这一问题上必须做出一些假设。正如我在第1章中所描述的那样，相机所拍摄的RAW格式文件是没法观看的。Lightroom和Camera Raw会把RAW格式文件中的图像数据转化成你能看到、可被评估的图像。为了实现这一点，基于照相机的设置，以及照片文件中的元数据，如ISO值和白平衡值，必须对色调和色彩做出一定的调整。Lightroom和Camera Raw的处理管道会规范化预览图。根据这样的预览图，你可以对照片做出判断，该调整或调整多大幅度。

如果你迷上了照相机LCD屏上的照片显示效果，那么在Lightroom或Camera Raw中初次看到的预览效果会是令人失望的。Lightroom和Camera Raw都没有应用相机制造商提供的软件开发包（SDK）来渲染数字底片，所以期待在这两种软件中的预览图效果像相机LCD屏上的那样是没有道理的。当托马斯·诺尔设计渲染引擎的时候，他做了一个意识明确的决定，那就是不追随相机厂商的显示效果，而是要为用户呈现出一个合理的和规范化的预览效果。

当我看到照片的默认渲染效果时，我其实只关心照片在被调整之前是什么样子的。我不在乎相机厂商们关于照片应该被渲染成什么效果的看法。我查看最初的默认渲染效果是为了帮我找到最终调整效果的线索。**图**3.1所示为Lightroom中显示的一系列照片的默认渲染效果。

如你所见，这些照片不是曝光过度就是曝光不足了（嘿，我也不是完人呐），同时色彩普遍地偏平且黯淡。一些照片看起来就是回天乏力，不值得再施加什么补救措施了。但这就是问题所在：如果你不去试，你就不会知道最终能把照片调成什么样。查看默认设置的渲染效果，可以归纳出一条有用的信息，那就是需要你做出调整的，就是校正色调和颜色。

同样还是这些照片，**图**3.2所示为在做完调整过后，Lightroom中显示的效果。这些照片中，有些只是做了"曝光度"的提升，其余一些则做过深度的局部修正。少量的几张由彩色转换成黑白，有一些做过裁切，还有一张做过水平翻转。许多张照片被进行过白平衡、色彩色相、饱和度或亮度的大幅度修改。我会毫不犹豫地承认，有些照片的调整会显得有些，呃，过度……我从来不是那种精调细修型的。我其实对一张照片能否精确还原真实场景不感兴趣。我就是喜欢那种强化渲染的效果。如果我是一个摄影记者或纪实摄影师的话，我会淡化我的这种方

图 3.1 在 Lightroom 中显示的不同照片的默认渲染效果

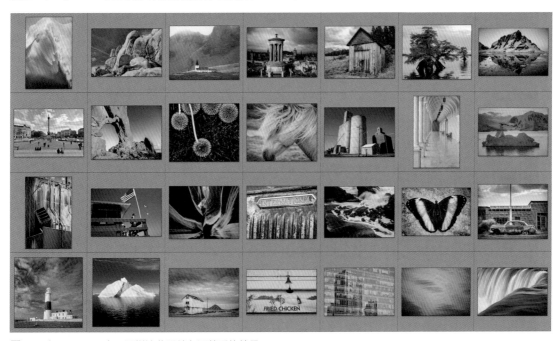

图 3.2 在 Lightroom 中，同样这些照片在调整后的效果

式，但我不是，索性我就选择强化的方式了。

这里有一个关键问题你得明白，那就是无论照相机LCD屏的显示还是Lightroom或Camera Raw的默认渲染效果都不是标杆。一张照片能调成什么样，只受制于调整开始时候默认的渲染效果，以及之后你可以在此基础之上添加的调整内容。这是最有意思的部分！

如果你想要更改Lightroom和／或Camera Raw的默认设置，当然可以。在Lightroom中，在修改照片模块内，进入"修改照片"菜单，然后选择"设置默认修改照片设置"选项。在弹出的**图3.3**所示的对话框里，相机型号、序列号以及ISO值都有显示。这是因为我在我的Lightroom首选项里将Lightroom设置为将"默认值设置为特定相机序列号"和"默认值设置为特定相机ISO设置"。

注释：在这个对话框里，下面那句话颇令人费解。"无法还原这些修改"，这样的说法在技术层面是正确的。但是别担心——如果你想恢复Adobe默认设置的话，可以单击左下方的"恢复Adobe默认设置"按钮。这可以把任何用户更改过的设置恢复成原始的默认设置。

图3.3　Lightroom修改照片的"设置默认修改照片设置"对话框

在Camera Raw中，也提供了可以修改默认设置的选项，即在Camera Raw主下拉菜单中选择"存储新的Camera Raw默认值"。也可以通过选择"复位Camera Raw默认值"来重置回原始默认设置。

当要修改默认值的时候，有下面几点问题需要注意。

- **确保那些你不想做出更改的参数仍然处于它们内建的、正常的默认值。**你应该只对那些你想要保存为新默认设置的参数进行更改。例如，如果你想要把针对某一种特定的ISO值的照片进行降噪（减少杂色）作为一个新的默认设置，那么所有其他的参数应该保持为未经改动过的默认设置，你应该只在减少杂色项目里做调整。

- **别把你的设置改得乱七八糟。**有一点得说清，默认设置不应该是用来针对照片特性的，而应该是针对照相机的，可能是相机序列号和ISO值这样的特征。默认设置不是被设计为替代照片特性调整功能的。但是如果你发现你经常性地对某个参数做某个数值设置，那倒也许可以成为新默认设置的一部分。举个例子，如果你想为相机做一个自定义的DNG配置文件，然后你想要Lightroom或Camera Raw应用这一配置文件，以代替Adobe的标准配置文件，只需要打开一张那台相机所拍摄的照片，确定所有其他的设置为默认设置，在相机校准面板里选择自定义DNG配置文件，然后更新Lightroom，或者在Camera Raw的主菜单中选择"存储新的Camera Raw默认值"。

如果你在同一台电脑上同时使用Lightroom和Camera Raw，别忘了Lightroom和Camera Raw会分享同样的默认设置。所以，如果你在Lightroom里制定了一套自定义默认设置（或是恢复了原始默认设置），那么Camera Raw也会自动地同步应用。

小贴士：我对我的不同相机会制定针对某种ISO值的自定义设置，但是我几乎不会更改其他方面的图像设置。

3.2　Lightroom和Camera Raw的功能介绍

二者有显而易见的区别——Lightroom是一个应用软件，而Camera Raw是一款Bridge和Photoshop的插件。除此之外，这二者还有一些微妙的（也不是那么微妙）的用户界面方面的以及使用方式方面的区别。

打个比方，在Camera Raw中，有一个颜色取样工具，可以在0～255的RGB颜色中存储9种不同的设置；而Lightroom只能读取在0%～100%间的一种颜色。这一不同之处的首要原因在于，Camera Raw把用户定义RGB色彩空间作为编辑功能的一部分，而在Lightroom中，色彩空间是未定义的，直到编辑工作完成，需要导出或进行软打样的时候色彩空间才需要设定。Camera Raw的另一个优点是，在对照片进行裁剪的时候，可以把照片放大到看清裁剪位置的细节；而在Lightroom中，就只能在全图显示的模式下进行裁剪，而无法把照片放大到很大再裁剪。

注释：本书中，我会倾向于主要展示Lightroom的操作界面，并着重介绍Lightroom与Camera Raw的不同之处，而不会流水账般地对二者同时逐条讲解。

另外，Lightroom具有一些加强的功能，如可以同时开启多个工作面板；而在Camera Raw中一次只能进入一个面板。Lightroom具有多层菜单可以抵达深入细化的功能，而Camera Raw只有一个简单的弹出菜单，只能实现范围小得多的功能。Lightroom的历史面板有完整的图像调整记录；而Camera Raw支持多重撤销功能，但是如果单击"打开"或"完成"按钮，一切历史记录就都消失了。在Lightroom和Camera Raw里，都可以把预设值应用到图像处理中去；然而，这些预设值是不可交换的，即使Lightroom和Camera

Raw 的主要设置是共享的。

Lightroom 和 Camera Raw 使用同样的后台处理管道以及同样的图像调整和渲染功能，也支持同样的相机型号，二者的版本更新也是同时的。（Lightroom 4.x 和 Camera Raw 7.x 拥有同样的处理管道，而且版本号里小数点后面的数字，即 x 是相同的。）

3.3 直方图

Lightroom 和 Camera Raw 都提供照片的直方图显示。直方图是一种影像数据的分布示意图。直方图的最左端为黑色，最右端为白色，垂直方向表示相对图像色阶值。在 Lightroom 和 Camera Raw 里，直方图显示了红色、绿色、蓝色、青色、洋红和黄色的色阶分布以及灰色（Lightroom 有）或白色（Camera Raw 有）的灰色阶分布。单击直方图左上角的一个小方块可显示暗部溢出，单击右上角的小方块则显示高光溢出。如果单击这两个小方块，照片中的数据溢出区域就会在照片的预览图中显示。**图 3.4** 所示为 Lightroom 和 Camera Raw 的直方图，示例照片中的溢出区域显示为白与黑。

关于直方图，有一些基本观念有必要了解。直方图没有"好"或"坏"之分。一个直方图简单来说就是一套有用的信息。你可以通过直方图查看照片中的溢出信息，然而溢出并非意味着多么糟糕。有些溢出是无法避免的，如一些特别亮的镜面反射或是光源区域必然会导致照片中产生高光溢出。在很多拍摄大反差场景

图 3.4 直方图和照片预览中显示的溢出部分

▲ Lightroom 的直方图

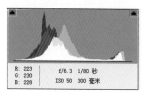

▲ Camera Raw 的直方图

▲ 溢出区域的显示，红色为高光溢出，蓝色为阴影溢出

的照片里，深阴影部分的溢出很常见。许多照片有着钟形曲线分布的直方图，但这样的分布仅是一种信息图标，并未告诉你该怎么调整照片。一张中间部位色阶丰富而两端色阶几乎为零的直方图说明这张照片是一张低反差照片。那么你需要提高反差以使色阶重新分布。如果直方图中显示色阶多堆积在左半边的暗部，而亮部色阶信息很少，那么这说明这张照片曝光不足，你需要提亮照片。同理，如果直方图的色阶信息多数分布在右半边，而左半边很少（经典的向右侧曝光法则ETTR，参见第1章），你需要调暗曝光使色阶重新分布。

　　Lightroom中的直方图提供了一些额外的增强功能。如**图3.5**所示，可以看到直方图方框内有一个光标，以及当前的调整区域（曝光度）和当前的调整设置（+0.06）。Lightroom允许用户抓住直方图中的某一位置然后用拖曳的方式对照片曝光度进行调整。这真是一件很酷的事，不过我很少用它，因为我更偏重看照片效果而不会执迷于观察直方图内的信息分布。不过，嘿，这真挺好玩的！Camera Raw不提供这种直方图直接操作调整的功能。

图3.5　Lightroom的直方图实时调整与信息读数

注释：我经常不看直方图；相反，我在调整照片的时候只关注照片本身的效果。尤其是当我在笔记本电脑上使用Lightroom的时候，我会把直方图关掉，这样可以省出一块屏幕区域，这一功能在Camera Raw中没有。

3.4　Lightroom 和 Camera Raw 的调整面板

　　尽管Lightroom和Camera Raw分享同样的图像调整面板和调整功能，但二者的操作界面和实现功能的方式却有所不同。在Lightroom里，所有的面板是以纵向栏目分布的，而在Camera Raw里，所有功能以小图标的形式排成一排，以便于识别。**图3.6**比较了二者的调整面板界面。

　　当我在笔记本电脑上工作的时候，我喜欢使用Lightroom面板里的"单独模式"（每次只能展开一个面板的模式——译者注），这样可以更有效地应用屏幕显示范围。进入单独模式的方式为，右键（Mac系统里为Control+单击）单击面板部分，然后在弹出快捷菜单里选择"单独模式"。在工作室里使用大显示器工作的时候，我会关闭单独模式，然后把需要用的不同面板都展开。

　　在Camera Raw中，可以通过单击面板图标的方式来切换不同面板，也可

小贴士：当使用Lightroom的时候，最好养成使用鼠标右键快捷菜单的习惯（你可以选择右键单击或者Control+单击），因为鼠标右键快捷菜单中涵盖了很多常用功能。

图3.6 Lightroom和Camera Raw的调整面板对比

▲ Lightroom的调整面板

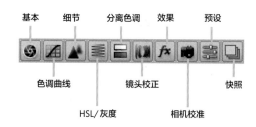

▲ Camera Raw的调整面板图标

小贴士：如果由于某些原因Lightroom的调整面板突然消失了，十分可能的情况就是，不小心把它隐藏起来了。在鼠标右键快捷菜单里，所有显示的面板的名称前会有一个对勾。如果其中某一个面板名称前没有对勾，单击以勾选它，就可以让它再次出现了。

以使用快捷键键盘操作。在Mac系统里，快捷键为Command+Option+1～9；在Windows系统里，快捷键为Ctrl+Alt+1～9。很遗憾，没有进入快照面板的快捷键，这意味着你必须通过单击图标来实现。

3.4.1 基本面板

基本面板被如此称呼实至名归，因为这就是做所有"基本的"色调和色彩调整的地方。Lightroom和Camera Raw的基本面板都包含着同样的控制功能，不过Camera Raw里没有用于转换黑白照片的处理功能，而且Camera Raw的白平衡工具也必须从工具栏中选。

图3.7所示有两种面板。这两种面板的调整顺序的不同是由不同的处理版本决定的。关于处理版本的信息，参见边栏内容。

基本面板包含4个小部分：处理方式、白平衡（WB）、色调和偏好。每个小部分中的调控项目都是显而易见的，因此我不必赘述每部分的含义和功能，

小贴士：调控项目以图中所示的顺序排列，是因为调控项目是按照软件研发工程师所建议的调整顺序来排列的——其实这种调整顺序算是他们给予的一种建议。

图3.7 基本面板的调控项目

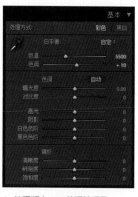

▲ 处理版本2012的调控项目

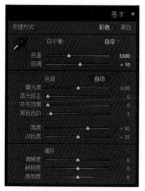

▲ 处理版本2010和2003的调控项目

不过我会给出一些建议以供参考。

1. 处理方式

基本面板中的"处理方式"部分只存在于Lightroom中，可以用于把一张照片从彩色转换到黑白。如果在处理照片的时候想知道照片在灰阶的时候是什么样子，这一功能可以快速地让你预览照片的黑白效果，而无需到"HSL/颜色/黑白"面板中去实现。

2. 白平衡

在开始色调调整之前，应该先完成白平衡调整，因为校正白平衡会对照片的色调产生影响。调整白平衡主要有如下三个方法。

■ 使用白平衡下拉菜单，并选择一个预设值。

■ 使用白平衡选择器，在照片中选取一个非高光的中性色区域做取样点。

■ 仅通过滑块调整（通常我都用这种方法）。

如果你能确定照片中哪些部位应该是中性色的，比如一件白衣服或是人眼睛中的白色部分，那么白平衡选择器就很好用。如果你需要实现非常精确的白平衡调整，我建议你拍摄一张中性色卡，比如爱色丽色卡。我就用这款，虽然这种白平衡反射板有很多种牌子，但是我很推荐这款色卡。我喜欢这款爱色丽色卡的原因是，这款色卡不仅包含白平衡反射板的功能，还包含了彩色样本，可以用来制作自定义DNG配置文件。**图**3.8所示为拍摄爱色丽色卡护照的照片，以及使用白平衡选择器在倒数第二格的灰方块取样。

图3.8 爱色丽色卡以及在Lightroom中使用白平衡选择器取样

小 贴 士： 在Lightroom中，如果想要对调整滑块做更精确的控制，可以把调整面板向左拉，使调整面板更宽，从而使调整滑块的滑动距离更长。这样并不会改变调整功能的数值范围——它只是改变滑块的移动幅度。Camera Raw中无此功能。

什么是处理版本？

当软件工程师们对Camera Raw的处理管道做出一些本质的和基础的修改时，照片的渲染效果也会不同。有些改变是轻微的，比如从处理版本2003到处理版本2010的变化中，改变的只是渲染照片的处理方式细节和降噪功能部分。其他版本的变化则是幅度比较大的，比如当处理版本升级到2012的时候，软件工程师们设计出了一种新的方法，将原有的强制用户接受最新渲染方式改为可选择为不同的处理版本。在最新版的Lightroom和Camera Raw中，对于之前已编辑过的照片，软件会保留原始的处理版本并用原有处理版本处理该照片。最新的处理版本只会被应用于全新的未编辑过的照片。你可以选择更新成最新版的处理版本，而处理管道也会更新设置。处理版本从2003变为2010时的改变是轻微的，只有当你极力查找才能发现。然而，处理版本2012则完全改变了色调分布控制，以应用新的图像自适应调整；当你将处理版本更新到2012的时候，照片渲染会变化——有时候这种变化幅度很大！通常而言，这种变化是好事，但有时候也未必。

在Lightroom中，单击叹号警告标志（在相机校准面板中单击处理版本2012下拉菜单），将会出现如**图3.9**所示的对话框。看到这个对话框的时候千万要小心。更改处理版本会产生多大幅度的影响，取决于在修改照片模块里你已对照片进行过多少深入的操作。如果在胶片显示窗格里有很多照片，单击"更新所有胶片显示窗格中的照片"，胶片显示窗格里的所有照片都会受到影响。如果这一文件夹中有成百上千的照片，那么你会追悔莫及的。最稳妥的办法是一次只对一张照片进行处理版本升级。在Camera Raw中，并不会出现上述警告对话框；软件只会对单张照片进行处理版本升级，或者在胶片显示窗格模式下（同时打开多张照片——译者注）对所选中的那些照片进行处理版本升级。

关于照片处理的这一问题，我自己有一个准则：如果我对之前的照片渲染完全满意，并且这些照片已经被出版或印刷过了，那么我会将这些照片保留在以前的处理版本模式下。如果某张照片处于正在处理的阶段，而且我始终对它的效果不满意，对这张照片又无需担心用途问题，那么我会对它更新处理版本。无论在Lightroom里还是在Camera Raw里，我都建议使用快照功能来保存更新处理版本之前的渲染效果，并且保存新处理版本的渲染效果。这样可以使旧的渲染效果被保存下来，以应不时之需。

当Lightroom 4于2012年年初发布公测版的时候，在公测版论坛里有过好多讨论。一般认为新版软件的绝大部分是很棒的，不过有些用户对于一些变化感到很受困扰，尤其是那些依赖于使用"补光效果"调整的用户们。那些习惯于老版本的高级用户们似乎在适应新版本的时候面临更多问题，因为他们之前所有的经验（有些人习惯2003

图3.9 Lightroom中的"更新处理版本"对话框
（Camera Raw中无此功能）

版）会让他们在操作新版软件的时候感到困难。不过现在尘埃落定，在本书出版之时，我猜关于上述问题的争吵已经烟消云散。

总是有人对于上述问题感兴趣，关于这些变化（包括改进）产生的原因，我请教了艾瑞克·陈（Eric Chan），他是 Adobe 公司 Camera Raw 团队的科学家，他为我们解释了这些变化产生的原因。以下即为艾瑞克所写。

关于处理版本 2012 中重新考虑色调控制问题的原因有许多。这里我谈谈其中的几个。我们一直以来力求提供的调控方式如下所述。

■ 实现一种全新的色调分布算法，更简便易用却具有更强效的反差控制管理。
■ 对于新用户而言，使用起来更加方便和直观。理想情况下，当面对具体的摄影后期处理问题的时候，用户可以清楚地掌握整个调整控制过程。换言之，在操作中尽量减少重复性功能。打个比方，在处理版本 2010 中，调整照片全局亮度共有三种方式：曝光度、亮度和补光效果。这三种功能以三种不同的方式对高光及阴影区域产生影响，但是它们都对中间调产生影响。在处理版本 2012 中，调整全局亮度的方式变成了只有一种：曝光度。
■ 考虑到移动设备以及平面电脑设备的扩展应用，用户界面的设计则非常重要。打个比方，色调控制共有 6

个基本调整项目，但是最新发布的 Adobe Revel 软件（Adobe 公司推出的一款应用于苹果设备的软件）只有 4 个调整项目（曝光度、对比度、高光、阴影）。
■ Raw 和 JPEG 格式的照片更容易实现同步调整。在处理版本 2010 中，这一点很难实现，因为 RAW 和 JPEG 格式有着不同的基线设置（例如，亮度、对比度、黑色色阶以及点曲线分别都有着不同的默认设置），而且它们内部的算法也是不同的。在处理版本 2012 中，Raw 和 JPEG 格式的色调控制有着同样的默认设置以及同样的算法。这样一来就促进了 RAW/JPEG 两种格式的工作流程的融合，意味着一套色调控制预设可以对两种格式同时有效。
■ 同时提供全局调整和局部调整的工具，二者使用同样的操作方式。
■ 在做一般的色调调整时，可以减少对参数控制和点曲线调整的需求。（新用户对曲线调整缺乏感性认识。）
■ 修补解决在处理版本 2010 以及更早版本中出现的已知的问题。

另外，我还想补充的一点是，处理版本 2012 中所涉及的修改内容不仅应用于基本面板中的功能，也应用于通过渐变滤镜以及调整画笔所实现的照片局部调整功能。

图3.10 分别从美感层面和技术层面校正白平衡的效果对比

▲ 手动校正效果

▲ 使用白平衡校正工具校正的效果

技术层面的白平衡校正正确并不总是意味着美学层面的白平衡正确。校正一张日落景象照片的白平衡应该使其保留暖调效果，而如果你在南极洲拍照的话，你不希望拍到的冰是暖调的（没人喜欢黄颜色的冰）。**图3.10**所示为两种白平衡设置；左边的一张为手动设置白平衡到约5500K，右边的一张为通过使用白平衡选择器取样冰山中间部位而获取的"技术上的正确"效果。这种情况下中性色并不准确。实际上，任何有雪或冰的冬季景色照片的白平衡校正都是富有挑战性的——我一定会对其手动校正。

3. 色调

调整照片色调的时候，首先从"曝光度"控制开始，调整照片全局的亮度；其次是"对比度"调整。很多人认为对比度调整没什么用，更愿意使用曲线功能或其他种类的调整控制。这种做法也行得通，不过并不是最佳方案。在处理版本2012中的所有色调控制都是适应照片的——就是说，通过单独的色调控制来设置最佳动态范围，使调整适应照片。Lightroom和Camera Raw 也会自动弥补高光细节。即使是在照片的一个或两个颜色通道有溢出现象的情况下，利用"高光"的修正调整也可以找回影像细节。

处理版本2012的色调控制项目如下。

■ **曝光度**设置照片全局的亮度级别，主要通过移动中间影调的位置实现。曝光值与相机的光圈值（f值）挡位相当。曝光度调整+1.00挡相当于调大光圈1挡；同理，调整-1.00挡相当于减小光圈1挡。提升曝光度可能导致溢出现象发生，调整会使高光变化，但白色色阶会被延缓溢出。

■ **对比度**的提升或降低，通过一个简单的S形曲线调整来实现。提高对比度需要提亮1/4色调（高光部分），同时压暗3/4色调（阴影部分）。对于低

小贴士： 根据相机自动白平衡（AWB）的功能特点，Lightroom和Camera Raw中白平衡下拉菜单中的"原照设置"提供了一个非常好的白平衡校正起始点。不过，有些相机的自动白平衡功能并不能实现最佳表现。如果你发现你的相机的自动白平衡功能并不理想，我建议你把相机的白平衡设置成日光模式。在许多情况下，这样的设置并不算"正确"，但是相对于不精确的自动白平衡设置而言，这种设置可以提供一个相对好的白平衡校正起始点。

反差场景的照片而言，提升对比度是很重要的。对于高反差场景的照片，应该在调整"高光"或"阴影"项目之前先降低对比度。

- **高光** 这一调整项目是用来在对照片做完基本对比度调整之后，进行更深度的高光区域精细调整。负向调整可以实现高光区域修复；正向调整可以提亮高光，不过纯白区域会有保护设计，防止溢出。新处理版本的高光项目代替了（并提高了）处理版本2010中的高光修正功能。

- **阴影** 这一调整项目是用来在对照片做完基本对比度调整之后，进行更深度的暗部区域精细调整。负向调整可以压暗阴影区域，同时减少黑色溢出；正向调整减轻阴影效果并修复阴影细节。新处理版本的阴影项目代替了（并提高了）处理版本2010中的补光效果功能。

- **白色色阶** 这一调整项目是用来微调照片中的纯白色溢出区域的。负向调整降低高光溢出；正向调整会增加高光溢出。

- **黑色色阶** 这一调整项目是用来微调照片中的纯黑色溢出区域的。负向调整增加黑色溢出（使阴影区域的纯黑色比重增加）；正向调整降低阴影区域溢出。

以下为出现在处理版本2003和处理版本2010中的旧版调整项目。

- **黑色色阶** 设置照片中黑色色阶的分布。向右侧移动滑块可以使阴影区域黑色变深。这一功能对阴影区域效果明显，但对中间调和高光区域影响微小。

- **高光修正** 可以降低极端的高光色调，并且试图修复因拍摄时曝光过度引起的高光区域细节损失。即使RAW格式文件的一个或两个通道有溢出问题，Lightroom都可以将其细节恢复。然而，有时候色彩的完整度会有所损失，损失的色彩来自于被修复的色调。这一问题在处理版本2012中的高光调整项目中得以解决，色彩损失降低，修正效果提升。

- **补光效果** 这一调整项目可以在保持黑色的前提下减轻阴影，使更多细节显露。补光效果功能倾向于在较高对比度区域形成光晕效果。这一问题在处理版本2012中的阴影调整项目中已解决。

- **亮度功能** 调整照片亮度，主要通过影响中间影调实现。亮度调整应该是在对照片的曝光度、高光修正以及黑色色阶调整完毕后进行。大幅度的亮度调整会影响到照片的阴影部分和高光部分甚至导致溢出，尽管软件有高光溢出保护功能。

无论在Lightroom中还是在Camera Raw中，你可能会禁不住想使用自动按钮，让软件自动决定最佳色调以及对照片进行自动调整。我发现这一自动功

小贴士： 在Lightroom中，可以通过按键盘的加、减号键来逐级调整滑块数值；也可以单击滑块右侧的数值段，通过键盘上下方向键来调整数值；或者直接用鼠标拖动滑块调整。在Camera Raw中，单击调整项目使数字输入框内的数字变为选中状态，然后通过键盘上下方向键即可以调整数值。按住Shift键再调整，则数值以十位数进阶变化，这一点在Lightroom和Camera Raw中同样适用。在Lightroom中，双击调整项目名称可实现调整数值复位归零。在Camera Raw中，则是通过双击调整项目滑块来实现数值复位。

能有时候表现得真的非常好，而有时候则真的非常糟糕。我想这是由于软件的设计偏重考虑保守的曝光度设置以及避免溢出现象发生，而在其他方面的色调调整则完成得相对合理一些。我使用 Lightroom 的一个小窍门是，按住 Shift 键，同时双击调整项目的名字，以实现该项目的自动调整。（很遗憾，在 Camera Raw 中并无此种功能。我会跟托马斯·诺尔提出这一建议，看看下一版本中能否加进这一功能。）

现在我来讲解一下在 Lightroom 和 Camera Raw 中，我是如何进行色调控制的。首先（在做完白平衡校正之后），调整"曝光度"。根据相机的曝光值以及照片中不同区域的重要程度，视情况而定，我可能会延缓一定程度的全局曝光调整，为之后的调整设置甚至是曲线调整做准备，但通常情况下，第一步就是调整出正确的曝光度。

在一些工作坊和研讨会上，我见过许多人忽视这接下来的一步，即"对比度"调整。这种忽视是错误的。如果需要调整的照片拍摄的是低反差场景，那么应该提高默认对比度值。如果是高反差场景照片，那么降低对比度则是很重要的。对比度的默认设置应用的是一种标准化的曲线调整，但不是照片属性级别的，因此在开始的时候调整设置正确的对比度是很重要的，而不是依赖于后续的设置调整或曲线调整。

需要提醒的一点是，在 Lightroom 和 Camera Raw 中，提高对比度设置会增加照片的饱和度，而降低对比度的时候，照片的饱和度也随之降低。我会在之后讲解饱和度调整问题。那么为什么饱和度和对比度相关联呢？话题又得追溯到胶片时代了。托马斯·诺尔发现对比度应该和饱和度相关联，因为当时在冲洗胶片的时候，增感或减感的结果必然是饱和度随着对比度一起变化。在数码摄影领域里，这一问题是否应和胶片一致，这的确可以讨论，然而你必须和托马斯讨论。（他会十分愿意倾听的，不过想说服他很难。）我个人觉得饱和度随着对比度变化而变化，这不是什么问题。

做基本的曝光度和对比度调整的时候，进行高光和阴影调整可以对照片全局色调分布中的 1/4 和 3/4 区域进行精细调整。显然，对于一张高反差场景的照片，使用高光项目将照片的高光色调压暗可以帮助我们对照片中整个场景进行对比度范围控制。如果照片中 3/4 范围的色调太暗了，通过使用阴影项目调整可以使照片中阴影部分的更多细节得以显露。不过要知道，提亮照片中的阴影同时也会使照片中的噪点变得更为明显。对于低反差场景照片，可以使用高光和阴影两个项目精调照片中比较重要的区域。对于色调分布相当不对称的照片，阴影项目有负向调整，这时候添加一个高光项目的正向调整则很正常。因为对比度是对称分布的，在这一阶段里，单独的控制项目总会派上用场。

　　假设现在照片看起来已经很好了，使用"白色色阶"和"黑色色阶"调整到刚刚好的程度，质感细节被保留住了，而且镜面高光反射过渡到了溢出。向正向的阴影设置添加一个负向的黑色色阶设置，可以展示曲线的趾部（曲线的底部——译者注）的末端部分。向正向的白色色阶设置添加一个负向的高光设置，可以控制色调曲线的肩部（曲线的高密度部分——译者注）。这着实是一种反复斟酌调整的过程。

　　我发现在处理版本2012中，我调整照片的时候不太经常使用"白色色阶"和"黑色色阶"，主要是因为这些色调控制项目的照片自适应属性。需要提醒的一点是：在进行照片色调控制的时候，调整项目不要试图从"白色色阶"和"黑色色阶"开始。在"曝光度"和"高光"及"阴影"项目之前进行"白色色阶"及"黑色色阶"调整则违背了照片调整的自适应属性。我花在曲线面板的时间已经减少了，因为基本面板的色调控制精度已经提升了。

4. 偏好

　　在结束对基本面板的介绍前，最后还有三个调整控制项目：清晰度、鲜艳度以及饱和度。

■ **清晰度**是一种图像自适应的对比度控制，用以提高或降低照片中间调的反差。我喜欢把它理解为一种通过算法实现的清洁镜头、加强照片清晰度的工具。使用清晰度功能的时候，需要注意的一点是：这一调整项目很容易发生调整过度的情况。其结果就是呈现一种糟糕的HDR（高动态范围照片）效果。不过，值得一提的是，处理版本2012中的清晰度功能已经得以改善，可以消除绝大多数难看的光晕以及典型的早年间常见的那种人工处理痕迹。不仅如此，软件工程师们还使新版的清晰度功能的效果强度比处理版本2010的清晰度功能强大约两倍。
我经常使用清晰度功能，不过在使用这一功能的时候我很谨慎，往往在基本面板里只是少量地使用，而在局部调整的时候才较大幅度地使用。我更喜欢在Photoshop里对照片进行中间调对比度调整，因为后者的灵活度更大一些。（第5章中将会详述这一做法。）清晰度功能是一种混合的控制方式：一部分色调分布调整，一部分锐化处理，以及一部分魔法功能。

■ **鲜艳度**是一种混合了普通色彩饱和度调整的功能，但它以一种非线性的方式工作。鲜艳度功能可以将欠饱和色彩的饱和度提升到超过饱和的程度。

注释: 巧的是，"加强"正是"清晰度"调整功能最初的名字，不过Adobe公司认为这一名称不合适，因此放弃了这一名称。

小贴士: 负向调整"清晰度"对减少照片的中间调对比度非常有用，尤其是照片中有人物皮肤的情况下。

同时又减少了将高饱和色彩调整成过饱和色彩的倾向。负向调整鲜艳度可以降低色彩饱和度，但是不能完全去除色彩以至于变成单色的灰度照片。它所实现的效果是一种老化的褪色效果，这可以非常有用。鲜艳度功能同时被设计成忠实于皮肤颜色，以避免皮肤颜色被调成难看的红色。

■ **饱和度**就是一种简单的线性饱和度控制功能。当饱和度值被设置成-100的时候，照片会变成单色的灰度照片。我极少使用饱和度功能。我更愿意使用鲜艳度全局调整，或是使用HSL面板对单独颜色修改色相、饱和度以及明亮度。我觉得后一种方法效果更好。

3.4.2　色调曲线面板

色调曲线面板是第一次出现的具有两套调整方式的面板：参数曲线编辑器和点曲线编辑器。为什么设计成两套曲线编辑器呢？参数曲线编辑出现于Lightroom，为了保持跨平台兼容性，它也被并入Camera Raw，而后者已经有了点曲线编辑器，因此两种编辑器并存。对于一些任务而言，如相对简单的色调曲线调整，任何一种曲线编辑器都可以完成。

这两种编辑器的能力类似，但是它们的使用方式相当不同：参数曲线编辑器提供了一种快速的方式以实现目标色调分布，而点曲线编辑器则可以帮助用户获取更精确的曲线点位置。应该权衡照片调整所需的精确度以及完成调整的难易度，做出一定的预估，然后决定选择哪种曲线编辑器。两种方式都需要一定的经验积累，两种方式都需要配合目标调整工具使用（虽然，在Camera Raw中，目标调整工具只配合参数色调曲线编辑器）。

1. 参数曲线编辑器

参数曲线编辑器的操作界面非常简单，可以快速地对高光、亮色调、暗色调和阴影项目进行调整设定。这其中有两个调整项目的名称和基本面板中的两个调整项目名称一样，不过不要以为它们功能也相同。基本面板的调整项目是照片自适应的，而曲线面板中的功能只是曲线调整（虽然它们在全局色调分布的处理中有相似的部分）。在Lightroom中，当你对曲线图进行操作的时候，曲线中被激活的部分有亮光示意，如**图3.11**所示。在Camera Raw中没有这种交互界面的设计（虽然二者的控制范围相同）。

在对照片的某个具体区域做调整的时候，我认为最好的办法是通过使用目标调整工具直接在照片上调整。(也可以在曲线图上实时拖曳操作，效果等同于拖曳滑

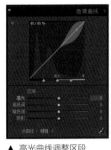
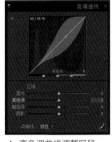

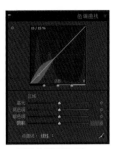

图 3.11　参数曲线编辑器面板中被激活的不同的曲线调整区段

▲ 高光曲线调整区段　　▲ 亮色调曲线调整区段　　▲ 暗色调曲线调整区段　　▲ 阴影曲线调整区段

图 3.12　参数曲线调整范围

▲ 色调范围1/4处的调整范围　　▲ 色调范围中间点的调整范围　　▲ 色调范围 3/4处的调整范围

块，不过使用目标调整工具的做法更有效。）在Lightroom中，单击曲线面板左上角的小圆圈即可激活目标调整工具，然后在照片上操作目标调整工具的小光标即可。在Camera Raw中，目标调整工具是在主工具栏中选取激活的。

参数曲线调整的效力被曲线图下方的滑块调整功能加强了很多，滑块调整与曲线调整是联动且扩展的关系。**图** 3.12所示分别为区段调整在色调范围的1/4处、中间点以及3/4处的调整范围。

区段性的调整控制可以让用户限定或扩展特定的曲线调整范围。我倾向于不去用这些限制干扰调整操作，因为如果需要做精确曲线调整的时候，我会选用点曲线编辑器。

2. 点曲线编辑器

参数曲线编辑器往往可以更快地调整出正确的色调曲线，但是不可否认的是，点曲线编辑器可以完成更加精确细腻的调整控制——尤其是数据丰富的极端高光区域。曲线的操作按照贝塞尔曲线方式进行，就是说在曲线上添加一个控制点，当移动控制点的时候，控制点上下的曲线都会受到控制点的影响。移动一个控制点也会对相邻控制点处的曲线产生影响。

调整点曲线的时候，单击曲线以形成控制点。控制点会锁定位置，这样的操作可以修改相邻控制点所形成的贝塞尔曲线形状。若要取消控制点，将该控

图 3.13 不同类型的点曲线

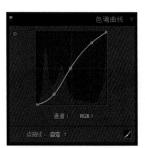 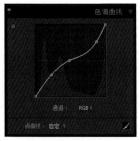 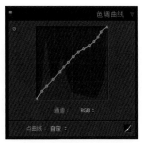

▲ 简单的增加对比度的 S 形曲线　　▲ 简单的降低对比度的 S 形曲线　　▲ 通过很多控制点所形成的复杂曲线，用以实现精确控制

◀ 色彩通道下拉列表

图 3.14　点曲线下拉列表

◀ 点曲线下拉列表中显示可以存储为自定义曲线

注释： 在 Lightroom 4 和 Camera Raw 7 中，点曲线在处理版本 2012 中的默认值是"线性"。在之前的处理版本中，点曲线的默认名称为"中对比度"，但实际上其内在的色调曲线保持未变。软件工程师们只是重新定位了用户操作界面，于是"线性"成为默认的可见设置。换句话来说，之前处理版本中的老的"中对比度"就是处理版本 2012 中的新的"线性"。在处理版本 2012 中，实际上你无法获得一个真正的线性曲线，不过你可以通过使用免费的 DNG Profile Creator 软件创建一个自定义的 DNG 配置文件，以实现真正的线性曲线。第 4 章中将会详述这种做法的操作步骤。

注释： 点曲线下拉列表中出现的"Contrast Tweak"是一个我之前保存的自定义曲线的名称。列表上半部分的三个项目为默认曲线设置项目。

制点拖曳出曲线图区域即可。

　　在 Lightroom 中，可以通过使用目标调整工具在照片上选取需要调整色调的区域找到曲线上对应的控制点，并加以调整。在 Camera Raw 中，目标调整工具不支持点曲线调整。然而，可以通过 Control 键 + 单击（Mac 系统）或 Ctrl 键 + 单击（Windows 系统）为曲线设置控制点。在 Camera Raw 中，还可以通过键盘的上下方向键来调整控制点的位置。在 Lightroom 中，则不能使用键盘移动曲线控制点（只能使用目标调整工具）。**图 3.13** 所示为点曲线操作示范。

　　目前最新版本的 Lightroom 4 和 Camera Raw 7（配合处理版本 2012 使用）所具有的处理能力不仅支持以明亮度为基础的曲线调整，也支持单色彩通道的曲线调整，这可以更好地校正偏色。应用色彩通道曲线可以调整那些只存在于高光或阴影部分的偏色现象。色彩通道曲线也可以用于实现特殊的颜色效果，如复制出胶片的正片负冲效果或老照片效果。

　　如果某种特定的曲线效果（要么是一个明亮度曲线，要么是一个色彩曲线）是你频繁使用的，那么可以将其保存下来，并让其出现在点曲线下拉列表中。**图 3.14** 所示为用来选择单色通道曲线调整的色彩通道下拉列表，以及具有存储自定义曲线功能的点曲线下拉列表。

基本面板和色调曲线面板的色调分布

　　两种风格的曲线调整功能是如何共同工作的，它们对基本面板的调整功能如何产生影响？哦，这就非常复杂了。不过显然，曲线调整是一种单纯的色调分布控制调整，而没有添加额外的影响因素。有些专家认为，除了白平衡功能还有用处外，他们主张彻底忽略基本面板的所有功能，直接使用曲线操作色调分布控制（主要使用点曲线）。对于之前版本的 Lightroom 和 Camera Raw 来说，这么干说得过去，因为那时的基本面板功能基本上很傻。不过现在它们变聪明了，如果仍旧忽略它们的能力和进步就很可惜了。

　　我会在使用基本面板优化一张照片过后，在曲线面板中做一些色调分布的精细调整。显然，点曲线编辑器有着非常高级别的精确度，足以让你撇开基本面板。使用曲线调整的一个主要原因是，它可以实现的偏色校正是白平衡功能以及 HSL 调整无法真正能够完成的。如果你认为基本面板色调控制和曲线面板是互补且可以同时工作的，而不是一种非此即彼的选择的话，那么我认为你的最终色调分布调整工作可以达到出类拔萃的地步。

3.4.3　HSL/颜色/黑白面板

　　直到开始写作本小节的时候，我才意识到 Lightroom 和 Camera Raw 中的调整面板的排列顺序是不尽相同的。在 Camera Raw 中，接下来应该讲的是"细节"面板，不过我决定按照 Lightroom 中的排列顺序继续下去。

　　"HSL/颜色/黑白"面板也是一个多重界面面板，在彩色以及黑白照片的调整控制方面提供了强大的功能支持。主面板名字包含三个激活按钮，分别导向不同的功能设置。

1. HSL

　　单击"HSL"的时候，可以看到面板上出现的针对照片颜色的调整项目分别为"色相""饱和度"和"明亮度"。**图** 3.15 所示为 HSL 的三个子面板。

　　对于色彩饱和度的调整，HSL 面板比基本面板的主饱和度滑块调整要好，这么讲的确有足够的理由：在这里有 8 个色彩通道分别用于对色相、饱和度和明亮度做细微谨慎的调整。

　　而且，应用 HSL 功能最好的方式是借助目标调整工具。在照片上的某个区域单击对 HSL 的不同项目做调整，的确比拖曳滑块好一些。使用目标调整工具

注释： 你可能会问，为什么是 8 种而不是 6 种加减法三原色呢（红色、绿色、蓝色、青色、洋红以及黄色）？这是因为，托马斯·诺尔和马克·汉姆伯格认为 6 种原色通道的设计不是最好的。通常的摄影颜色在被转换成传统原色的时候效果并不理想。这就是为什么青色被替换成浅绿色和橙色，紫色则是被添加进去的。这样就可以实现更有针对性的和顺滑的颜色调整。

图3.15 HSL的子面板

▲ 色相子面板

▲ 饱和度子面板

▲ 明亮度子面板

的一个特殊的优势在于，照片中的许多色彩并不会限定于HSL里的8种颜色的某一种，而可能是两种颜色的混合。那么，如果使用目标调整工具的话，你可以同时调整两个滑块。目标调整工具同时还会提供一个很好的提示，告诉你所要调整的颜色是哪种颜色。你可能以为一片草地的绿色就是绿颜色的，实际上草地颜色里的主导颜色可能是黄色。目标调整工具永远知道照片中调整光标所处位置的颜色是哪种颜色。

2. 颜色

如果单击面板上的"颜色"部分，迎接你的是与之前完全不同的子面板，色相、饱和度和明亮度的调整界面与之前完全不同。个人而言，我认为软件工程师们所花的心血完全浪费了，以至于我都懒得做截图示意了。在Camera Raw中没有颜色子面板，我认为这一子面板毫无用处，因为它不支持一个主要的功能：目标调整工具。

如果你使用Lightroom，就会发现这一子面板相比HSL子面板而言是多么的无用。如果你使用Camera Raw，那么就当我从没提过这件事吧。

3. 黑白

当我刚开始摄影生涯的时候（这么说可能会暴露我的年龄），我们使用一种东西叫作胶片。如你所知，那时使用明胶卤化银工艺的胶片。当时，如果想要制作黑白照片，那么首先要拍摄黑白胶片。不过仅把胶卷放入照相机可是远远不够的。你还得把不同反差效果的滤镜装在镜头前面，用以调整全色胶片的拍摄效果。拍出普通的天空需要中黄滤镜，而若要拍出深色天空则需要配置深红滤镜。如果要拍摄女性肖像，那么橙色滤镜是最好的选择，因为它能弱化皮肤的纹理。但是如果你要拍摄一位老人家，使用绿色滤镜则可以突出老人"角色化"的特

> **小贴士：**点开HSL面板的时候，可以选择单独地启用色相、饱和度或明亮度子面板，或是把它们全部打开，显示24个滑块调整项目。我个人觉得24个滑块项目全部展开太霸气了。即便所有项目都有用，你仍然只能使用一个目标调整工具针对某一个子面板进行操作。

征（即那种饱经风霜的、很男人的效果）。

数码时代改变了一切。除了极少数特别种类的相机可以拍摄灰阶RAW格式文件，所有的照相机拍摄的都是全彩色照片。的确，你可以把数码单反照相机设置成黑白模式，但是如果你拍摄的是RAW格式文件而不是JPEG格式文件，那么你拍到的仍旧是彩色照片；黑白只是Lightroom和Camera Raw都可以忽略掉的一个元数据文件中的简单标签。

在Lightroom、Camera Raw或Photoshop中，有许多种方法都可以把一张数字底片转换成黑白照片。现在，我来集中讲一下在Lightroom和Camera Raw中的方式。在基本面板中简单地将饱和度滑块移动至零，这样就可以得到一张没有颜色的照片，不过这种方法无法参与控制。在Lightroom和Camera Raw中，最好的方法是使用黑白子面板。单击它，照片就自动地由彩色变成黑白了。

照片由彩色转化为黑白与单纯的去饱和度有所不同（黑白转换更类似于转换到Lab模式并使用明亮度通道），基本的黑白转化具有明确的全色响应（意思是说，所有颜色的信息都被转化到仅有单色的黑白影调中）。

图3.16所示为基本的黑白子面板普通的归零设置，以及单击"自动"按钮之后的效果。

Lightroom和Camera Raw的首选项被默认设置为自动，如果没有手动设置，你可能永远见不到黑白子面板的归零情况。"自动"按钮对于基本的黑白转化而言很有用，不过如果你想修改自动设置结果可能也非常好。"自动"按钮所做的就是试图优化不同色彩之间的关系以适应黑白影调。又一次地，目标调整工具要发挥作用了！单击启动目标调整工具可以让你动态地改变以色彩处理为基础的黑白转化过程。通过使用目标调整工具在照片里上下移动鼠标指针，压暗或提亮天空真的是太容易了。从在拍摄场所里频繁更换镜头前的彩色反差黑白滤镜到现在的轻指一动，真是大不相同了。这有点像是对数字底片进行全方位色彩响应处理，而不是全色响应处理了。

▲ 黑白子面板归零设置

▲ 单击"自动"按钮后的黑白子面板

图3.16　黑白子面板

小贴士： 在转化黑白照片的时候，Lightroom 和 Camera Raw 都支持选择是否应用自动设置。这一设置在首选项里。

如果你喜欢黑白摄影（我就非常喜欢），那么以上的介绍会非常有用。然而，关于黑白子面板还有一点限制：它只能做全局调整。你无法对照片中的某一个局部进行控制转化成黑白。关于这一问题，我将会在第5章中详述。

对于将彩色照片转化成黑白照片这一工作而言，我怀疑Lightroom和Camera Raw就已经完全能够胜任了。不妨把你的黑白摄影作品输出打印看看有什么不同，不过那将是另外的书所讲的内容了。

3.4.4 分离色调面板

分离色调面板最初的构想是用来进行黑白单色照片色调调整的，不过该面板对于彩色照片的色调调整同样很有用处。高光和阴影区域蕴含着不同的色相色调，而利用分离色调面板可以调整不同色调的饱和度级别。通过使用平衡滑块，可以控制高光和阴影区域的临界点。**图3.17** 所示为分离色调面板界面和分离色调的示例。

使用分离色调功能有一些窍门。按住Option键（Mac系统）或Alt键（Windows系统）同时拖曳调整色相滑块到不同的色相位置，可以实时看到照片效果预览。这可以在调整饱和度滑块之前帮助你选择色相。在Lightroom中，也可以通过单击彩盒，使用Lightroom的拾色器，如**图3.18**中所示。或者，可以在色谱中拾色采样，选择你所喜欢的色相和饱和度，或者是单击选择彩盒上

图3.17 分离色调面板。示范为对一个麦克贝斯（GretagMacbeth）灰阶比色卡的拍摄结果应用暖化/冷化的分离色调调整。这是为模仿传统明胶卤化银工艺照片所做的棕调效果测试

▲ 色调调整前的灰阶色卡

▲ 分离色调调整，高光色相值62，饱和度25；阴影色相值242，饱和度25；平衡数值0

▲ 分离色调调整同前，平衡数值变为+50（整体加暖调）

▲ 分离色调调整同前，平衡数值变为-50（整体加冷调）

▲ 色彩拾色取样器

▲ 取样或存储为一个预设颜色色板

图3.18　Lightroom中的彩盒色彩拾色取样器

部预存的色板样本。如果有偏好的特定色相和饱和度，可以将其保存至预存色板中。也可以拖曳采样器至预览照片上，然后直接从照片中取样。

　　我的许多彩色照片在处理过程中都用到过分离色调面板。我会将高光部分暖化，将阴影部分冷化，实现一种更具"金色光线"的效果。

3.4.5　细节面板

　　细节面板中包含了Lightroom和Camera Raw的"照片锐化"功能和减少杂色调整项目。我把照片锐化打引号是因为细节面板中的锐化功能是一种多通道的锐化工作流程，这是由已故的布鲁斯·弗雷泽设计开发的。布鲁斯拓展了初级照片锐化的概念，使得在锐化过程中发生的连续光信息变成不连续的照片像素而产生的锐化损失得以恢复。这一概念就是照片锐化。接下来的独立的锐化通道，被称为创意锐化，包括模糊一些区域的同时锐化另外一些区域的功能，可以使锐化效果更好。这一功能通常局部地应用在Lightroom或Camera Raw中的渐变滤镜或调整画笔里。最后一个锐化通道是输出锐化，这一步骤是在照片被确定最终尺寸和分辨率的时候应用的，其锐化效果针对最终输出使用的相纸和打印机类型或是其他媒介的设备。这一环节在Lightroom或Photoshop的打印模块里，输出照片之前应用。

　　Adobe公司对多通道锐化工作流程的概念表现出足够兴趣，并聘请布鲁斯担任Camera Raw研发团队的顾问，合作开发细节面板里的照片锐化功能。由于布鲁斯介入的时间较早，虽然之后我又继续帮助他们完善并担任顾问工作，不过整个开发工作仍旧布满布鲁斯留下的痕迹。这并不是说马克·汉姆伯格和托马斯·诺尔，以及新近的工程师艾瑞克·陈他们工作不够努力——其实是他们编写的程序代码。Camera Raw团队把布鲁斯的想法作为灵感，并将那些想法融入到一系列4个参数的锐化调整功能里。**图**3.19所示为包含锐化和减少杂色调整功能的细节面板界面。

> **注释：**布鲁斯·弗雷泽曾为Photoshop设计过一款锐化工具插件，名为PhotoKit Sharpener，由像素天才公司出品。布鲁斯和我是像素天才的创始人，我们的创业伙伴还有马丁·伊文宁、赛斯·雷斯尼克以及安德鲁·罗德尼。布鲁斯过世后，迈克·霍尔伯特加入进了像素天才。我们也与Lightroom/Camera Raw的研发团队合作开发PhotoKit Sharpener的输出锐化功能，直接应用于Lightroom的打印模块。

图3.19 Lightroom 的细节面板
和锐化照片示范

▲ Lightroom 的细节面板界面　　▲ 锐化照片示范

1. 锐化

注释：照片锐化功能不是针对由于拍摄时相机震动导致的照片模糊情况而设计的，也不是针对拍摄动态对象产生的影像模糊情况而设计的，更不是为了其他类型的锐化特效而设计的。但上述这些情况可以在 Photoshop 中用创意锐化滤镜进行处理。

照片锐化控制最终是由肉眼判断的。照片在 Lightroom 中可以1:1显示，或是在 Camera Raw 中按100%显示。在进行评估的时候，照片应按1:1显示，因为只有1:1原大小显示一张照片，照片的一个像素点才对应显示器的一个像素点。在其他比例的显示模式下，像素的抖动会影响显示器上的照片预览精度。**图3.19** 所示的 Lightroom 和 Camera Raw 的默认值设置作为起始点还算过得去，不能说达到最佳。照片锐化的概念是在锐化照片的同时修复因锐化产生的连续影调变成数码像素产生的损失。许多照相机配有低通滤镜或高通滤镜可以降低摩尔纹或成像伪影现象，而这些会导致成像偏软。

接下来是4种锐化调整的控制项目。

- **数量**：数量是一个体现锐化力度的控制参数。数量是从0开始的，意味着完全没有锐化程序加载（对于非 RAW 格式文件，软件的默认数量值为0），数量的最大值为150。如果把数量值调至150，而没有调整其他控制参数，那么照片会被过度锐化到废掉！同样，如果把数量值调至150，同时调整其他几项锐化参数，那么这些参数会发生作用，从而影响锐化数量的范围和效果。

- **半径**：半径定义了锐化算法，半径是指在照片中拍摄对象"边缘"的任意一边参与提升锐度的像素数量。半径值控制范围为从最小的0.5个像素到最大值的3个像素。通常而言，有着高频边缘的照片需要较低的锐化半径值，而低频边缘照片则需要较高的锐化半径值。

■ **细节**：细节面板里总共有3个细节滑块调整项目（包括减少杂色一项）。是不是有点糊涂了？软件工程师们曾试图寻找一个更好的词，不过最终认为细节一词仍是最合适的描述。细节锐化调整是相当复杂的过程。当调整向下达到0的时候，细节滑块影响晕圈抑制算法的效果，使得由数量设置产生的晕圈强度得以被限制。晕圈是图像锐化算法的产物，不过我们可以把晕圈控制在肉眼无法识别的程度。降低细节滑块可以减少晕圈现象。把细节滑块移至100，则以反卷积为基础的锐化功能生效，这和Photoshop里的智能锐化滤镜去除镜头模糊的过程非常类似。反卷积锐化通过识别照片中的模糊类型来去除模糊现象。这一处理过程的算法使用了一种点扩散函数（PSF）来对模糊情况进行粗估，形成一种数学描述，然后颠倒使用点扩散函数将模糊区域锐化。精确地计算点扩散函数难度很大，不过当细节滑块被设置在100的时候，软件可以合理处置基于镜头产生的模糊现象。细节滑块会在两种锐化算法间取插值。其默认值为25，不过通常我会将这一参数调至整个范围的中间位置（很少会调至100）。需要提醒的一点是，对于一张噪点丰富的照片，调高细节滑块本质上会使噪点的锐度也提高。

■ **蒙版**：蒙版功能可以降低照片中非边缘区域（拍摄对象表面区域）的锐化效果，并使锐化功能集中于边缘位置，这是照片锐化的一个基本原则。Lightroom和Camera Raw的简易边缘蒙版参数化调整功能令人印象深刻。

通常而言，我认为对于几乎任何一张照片都有必要应用蒙版功能。对于强调拍摄对象质感的照片，减少蒙版使用是有必要的。对于人面部的锐化，则需要更高的蒙版参数设置。

在评估参数设置效果的时候，可以通过使用Lightroom和Camera Raw的屏幕预览查看参数调整效果。按住Option键（Mac系统）或Alt键（Windows系统）可以查看相关参数变化产生的照片效果变化。在Lightroom中，面板里提供了一个小型预览框（可以通过单击预览框右面的箭头选择将其隐藏）。Camera Raw中没有这种面板预览框，不过Lightroom和Camera Raw都有屏幕预览。**图3.20**所示为不同参数设置下面板预览框所显示的不同效果。

小贴士：图像中边缘频率的取值多少取决于图像中质感的重要性。一张风景照片有着丰富的图像质感细节，比如树木或岩石部分会有较高的全局边缘频率。一幅人像照片则有着较低的边缘频率，因为人面部主要是由皮肤组成的，而你不会对皮肤做大幅度的锐化处理。

注释：蒙版功能相对而言对电脑处理器要求较高，如果你在一台较老的电脑上使用此功能，可能会出现处理速度很慢的情况。这就是蒙版项目默认值被设置为0的原因，这意味着没有开启蒙版功能或没有建立蒙版。

注释：我会在本章末尾讲解锐化工作流程中的创意锐化通道和细节面板中的照片锐化功能如何交互使用，创意锐化则会在第4章和第5章中专门讲解。

图3.20 锐化预览。最终参数设置分别为数量 75、半径 0.5、细节 80 以及蒙版 15

▲ 默认设置下原图显示

▲ 数量值调至75

▲ 半径值为0.5预览效果

▲ 半径值为3.0预览效果

▲ 细节值为0预览效果

▲ 细节值为100预览效果

▲ 蒙版值调至10

▲ 蒙版值调至90

注释：这张示例照片是我用一台飞思 645DF 数码相机配一支 45mm 镜头以及一个 IQ180 具有 8000 万像素的数码后背拍摄的。这款数码后背生成的照片禁得起相当高数量值的锐化处理，虽然这款数码后背搭载的 CCD 感光元件并没有配置低通滤镜。

正常情况下，细节面板仅包含 4 种锐化滑块调整项，但是实际上我认为，若要把数字底片调整到最优化效果，有 5 种滑块调整项。这第 5 种滑块调整项目就是明亮度减少杂色滑块。我几乎每次都提到明亮度减少杂色项目的原因在于，即便是对于低 ISO 值拍摄的照片，照片锐化和减少杂色处理也是一枚硬币的两个面。当提高锐化程度的时候，不可避免地会增加照片中噪点的出现比例。明亮度减少杂色功能是重要的，尤其是当你的调整设置为高数量值和 / 或低半径值的时候。当你把细节滑块调高时，以反卷积为基础的锐化功能实则可以增加噪点。通过提高明亮度减少杂色参数值，可以应用较高的数量值和细节值，而减轻噪点现象。在下一节中，我会配合使用一张高 ISO 值拍摄的照片着重讲解减少杂色功能。图 3.21 所示为明亮度减少杂色调整设置的界面，正好可以把锐化前后效果做个对比。照片在屏幕预览中的显示比例为 1:1。

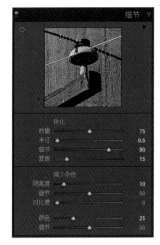

▲ 细节面板最终设置　　　　　　　▲ 未经锐化和减少杂色处理过的原始照片　　　　　　　▲ 细节面板全部参数设置完毕后的照片最终效果

图3.21 在细节面板中设置减少杂色项目前后效果对比

来点锐化预设？

　　Lightroom 实际上搭载了两种锐化预设，这是我向 Lightroom 的软件工程师们建议的。它们位于 Lightroom 的常规预设中，分别为"锐化—面部"和"锐化—风景"。Camera Raw 并未搭载任何预设，不过我可以告诉你这两种预设值的预设参数，所以你也可以自己操作。"锐化—面部"的预设值为：数量 35，半径 1.4，细节 15，以及蒙版 60。"锐化—风景"的预设值为：数量 40，半径 0.8，细节 35，以及蒙版 0。这二者的实用性比默认值有所提高，不过当你真正调整图像的时候，还得具体问题具体分析，针对不同的照片做不同的手动调整设置。

2. 减少杂色

　　噪点可能来自于高 ISO 值拍摄的结果，或者模拟/数字转换过程中产生的信号放大结果，对曝光不足的照片试图恢复过暗的影调时也会产生噪点。如果设置了高数量值的锐化，或是将细节滑块调整设置了很高的数值，那么噪点会变得更加明显。减少杂色的基本方法就是通过模糊功能降低锐度——但愿，不会过度模糊实际照片的细节。

　　为了更好地阐释减少杂色功能，我决定使用一张在墨西哥的圣米格尔德阿连德的圣诞老人学校教堂拍摄的教堂内景照片做示范。教堂内部光线昏暗，于是我把我的松下 LUMIX GH2 相机的 ISO 值设置到了 12800。在这样的 ISO 值

小贴士： 噪点现象和锐化处理是同一枚硬币的两面，二者不可避免地会互相影响。为了实现最优化的照片细节表现，抛开ISO值因素的影响，你还得考虑锐化的问题，即同时考虑硬币的两面。

下拍摄，照片上会布满讨厌的噪点。**图3.22**所示即为这张照片，未裁切，经过了锐化和减少杂色处理。

我怀疑在书上印的这张小图里，你可能看不到什么明显存在的噪点，而减少噪点最好的方式其实就是降低采样率或缩小照片尺寸。不过我可以向你保证这张照片的初始状态是充满噪点的。调整这张照片的时候我很快就确定最终设置了，让我来解释一下如何使用细节面板中的减少杂色功能滑块。接下来的描述文字来自于艾瑞克·陈，他是Camera Raw团队中主要负责研发降噪处理功能的软件工程师（我觉得他们说的都对）。

- **明亮度**：这一调整滑块项目控制着数量或是减少杂色所用明亮度的"值"。在这项调整里，数值达到25即是一个合理的，同时实现减少杂色和保留细节的平衡点。这也意味着在数值25～100还存在着额外的降噪能力储备。数值为0意味着"不加载任何明亮度减少杂色功能"。当数值设置为0的时候，明亮度下的细节和对比度滑块调整是被锁死的，显示为深灰色。明亮度滑块则是在任何时候都可以被调整设置的，其默认值为0。

- **明亮度细节**：这一功能滑块设置的是噪点阈值。可以通过将滑块拖至右侧来保存更多细节；然而，这样做会使得照片中的噪点被错误地探测为细节，因此，噪点不会被去除。同样，可以通过将滑块向左侧拖曳来提高照片降噪效果；然而，这样做会使得照片中一些真正的细节被错误地探测为噪点，因而被处理掉。这样明显的效果变化主要在高噪点照片的处理过程中才会

图3.22 最终锐化和减少杂色设置

▲ 照片最终处理效果

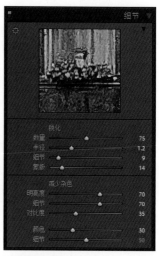

▲ "细节"面板最终设置

显现。在处理版本2003中，明亮度滑块被设置为0的时候，细节滑块是被禁用的。细节滑块的默认值为50。

■ **明亮度对比度**：向右侧拖曳该滑块可以更好地保存照片的对比度和质感；然而，这么做也会导致"噪点斑点"或高ISO值照片的斑点杂色明显。向左侧拖曳该滑块可以实现顺滑影调以及细腻的颗粒效果；然而同时会丢失一部分照片对比度，质感也被抹掉了。对于多噪点照片（使用数码单反相机拍摄，一般而言ISO值在6400以上的情况下），使用明亮度细节调整滑块则可以使处理结果变化更加明显。在处理版本2003里或是明亮度滑块被设置为0的情况下，对比度滑块也是被禁用的，其默认值为0。

■ **颜色**：这项调整被设计成在默认值（25）的情况下就可以实现较好的彩色噪点降噪效果，在抑制难看的彩色噪点斑点同时保留彩色边缘细节这个方面达到良好的平衡。滑块调整值设置为0的时候意味着彩色噪点降噪功能关闭。滑块调整值设置为高于25的时候，意味着更加强制性的彩色噪点降噪处理，同时也可能导致边缘颜色溢出。对于RAW格式文件，其默认值为25；对于非RAW格式文件，其默认值则为0。

■ **颜色细节**：对于噪点现象极端严重的照片，这一控制项非常有用。它能完成彩色噪点降噪，并精调出充满锐度且细节丰富的彩色边缘来。在Lightroom和Camera Raw中，所有高数值设置（75～100）都会试图保留边缘的彩色细节，但是这项调整的高数值设置可能会导致照片中出现像素级别的"彩色斑点"。低数值设置（0～25）的时候，Lightroom和Camera Raw会抑制那些小的、单独的彩色斑点现象，不过同时照片可能会变得饱和度降低（也就是说，边缘部位可能出现颜色溢出现象）。为了更好地理解，你可以试试把照片的显示比例放大到400%观察像素，查看效果变化。在处理版本2003中，或是当颜色滑块设置为0的时候，颜色细节滑块被禁用。颜色细节滑块的默认值为50。

在Lightroom中处理前文提到的教堂照片时，截屏显示为照片被放大到2:1（在Camera Raw中200%显示）。我认为在对照片进行评估和锐化调整的时候，1:1显示就是很严格的了，不过如果能放大到2:1（或更高），对于查看降噪处理效果而言有帮助，而对于查看照片细节则没必要。对于低ISO值拍摄的数字底片而言，对明亮度细节和对比度的设置以及对颜色细节的设置应该都低一些。不过这也取决于照相机感光元件的品质，其实有可能你根本察觉不出这前后变化的区别，所以我也没在低ISO值照片的处理问题上赘言。**图3.23**

> **注释**：明亮度子面板里的细节和对比度滑块，以及在颜色子面板里的细节滑块，都只在处理版本2010以及处理版本2012中才会出现。在处理版本2003中，你无需考虑这几项调整参数，而减少杂色功能也相当原始简易，且效果不怎么好。

▲ 未经锐化、明亮度或颜色降噪处理的照片

▲ 优化后的锐化设置，明亮度 0，颜色 25，颜色细节 50

▲ 锐化加减少杂色设置，明亮度 70，明亮度细节 70，明亮度对比度 35，颜色 30，颜色细节 50

▲ 经过锐化和减少杂色处理的照片，颗粒值 23，大小 4，粗糙度 65

图3.23 对比锐化、减少杂色处理前后效果，以及颗粒增加的情况

所示为以2:1显示的**图3.22**所示照片的中间部位。

未经锐化和去除杂色的照片看起来相当糟糕，不过我想展示一下用ISO 12800拍摄的照片其天生的噪点是怎样的。它看上去有点像点彩派的油画，是吧？接下来的第二张照片为默认值彩色噪点降噪，不过优化过锐化处理。锐化使得以明亮度为基础的噪点看起来更糟了。接下来的第三张照片为优化过锐化、明亮度和彩色噪点降噪的处理结果。明亮度滑块调整数值设置相当高，同时明亮度细节滑块数值设置也很高，这找补回来了一定程度的影像细节。添加明亮度的对比度设置使由于降噪而产生的微反差损失降低了。最后我将颜色值由默认值调升至30。

最后一张照片体现了我通常处理高ISO值照片时所用的一个小技巧：当我对照片进行强力降噪处理的时候，我会在效果面板里添加一些颗粒效果。为什么我会对一张已经降噪处理过的照片追加一些颗粒效果呢？我发现，添加少量的非常小的颗粒（比原照片中的噪点小得多）可以打破那种由于强力降噪处理而产生的偏平且塑料质感的效果。我认为这样一来，摄影的感觉就多了一些。这么做并不增加任何细微的细节，但是可以帮助产生有细节的效果。如果你准备为任何形式的输出做打样，可以把添加颗粒这一环节忘掉，因为打样会把所添加的任何层面的颗粒去掉。

有一件事得小心，就是当你使用彩色噪点降噪设置的时候，千万不要使用超出必要的过高的设置。彩色噪点降噪可能使图像中的色彩细节轻微失真。**图3.24**所示为2:1显示的照片中花朵的局部，一张为颜色设置为30，另一张为颜色设置为60。这是因为彩色噪点降噪功能的算法会模糊掉一些颜色信息，而过高的设置

图3.24　避免颜色细节损失

▲ 2:1比例显示下，可看出彩色噪点降噪设置效果较好　　　▲ 2:1比例显示下，可看出彩色噪点降噪设置过高

则会抹掉一些颜色细节，而且即使调高颜色细节滑块也是无法找补回来的。

3.4.6　镜头校正面板

镜头校正面板是用于校正由于镜头原因产生的成像畸变的。镜头校正面板由3个独立的子面板组成。

■ **配置文件**：针对镜头的成像扭曲和暗角现象而定制配置文件。

■ **颜色**：提供色差校正功能。

■ **手动**：允许手动校正镜头的成像失真和暗角现象，相当于梯形畸变校正和旋转校正。

图3.25所示为一张照片经镜头校正面板校正处理前后效果对比。

这张照片是我使用一台佳能 EOS Rebel XTi 相机配一支 EF-S 10‐22mm 镜头拍摄的。拍摄位置为芝加哥河畔，面向卢普区。如你所见，我拍摄的时候，

图3.25　镜头校正应用前后效果对比

▲ 镜头校正前　　　　　　　　　　　　　　　　　　▲ 镜头校正后

照相机轻微向上扬了，导致照片中产生了一点梯形畸变。我是用手动子面板上的功能校正此畸变的，初级校正则是由配置文件子面板完成的。

1. 配置文件子面板

Lightroom和Camera Raw都支持同样的由Adobe公司提供的镜头配置文件。一支镜头的配置文件包含镜头的成像表现数据，校正工作以此为依据对由该镜头产生的失真和暗角现象进行校正。"镜头校正"面板的"配置文件"子面板界面如**图3.26**所示。

Lightroom和Camera Raw通常都会自动从数字底片所包含的Exif元数据中找到正确的镜头配置文件。我说"通常"是因为有几次，由于一些原因，我也曾手动选择镜头厂商和型号过。"制造商"下拉菜单中显示出了绝大多数镜头厂商的镜头型号，它们的配置文件都已被记录过。镜头制造商们会创建一些配置文件，其余的则由Camera Raw的软件工程师们来创建。

不是所有的照相机和镜头的信息都被创建成配置文件。如果有相机和镜头的型号没有出现在下拉列表的名单中，那么有以下3种潜在的原因。

■ **相机和镜头的配置文件存在一些修正内容，而修正信息已被写入Exif元数据中**。在许多4/3系统相机（以及一些PS相机或便携小型相机）中，镜头的配置文件数据已经被植入在RAW格式文件中，而Lightroom和Camera Raw会自动地应用这些修改。如果是上述这种情况，你无法关掉修改设置。

■ **可能正在试着为一个RAW格式文件创建一个配置文件，而且你想同时应用于JPEG格式文件或是TIFF格式文件**。如果所创建的配置文件是基于一

图3.26 "配置文件"子面板界面

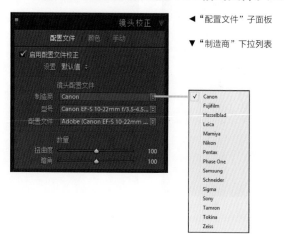

◀ "配置文件"子面板

▼ "制造商"下拉列表

个RAW格式文件而创建的，而你想将其应用在JPEG或TIFF格式文件上，需要在下拉列表名单中为其选择正确的制造商和型号。

■ **镜头配置文件缺失**。如果配置文件列表中没有你的镜头的制造商和型号，那么唯一能做的就是使用手动子面板修正或创建你的镜头配置文件了。Adobe公司提供了一款免费的镜头配置文件创建软件Adobe Lens Profile Creator。创建自定义镜头配置文件的过程是漫长乏味的，往往不是单凭一腔热忱就能实现的。首先你得打印一套镜头测试图样，然后严格按照非常固定的流程拍摄图样。按照不同的拍摄距离以及镜头的不同光圈值逐一拍摄系列的、大量的照片。如果要测试的是一支变焦镜头，那么你得在不同的焦段分别做同样的系列测试。如果觉得这么做太麻烦了，可以下载并安装一个免费的工具软件Adobe Lens Profile Downloader，这是一款配套Photoshop、Lightroom及Camera Raw插件的伴侣应用软件。它帮助你搜索、下载、分级以及评论在线的镜头配置文件修正内容，而这些网上的配置文件由用户社区创建和分享。

一旦勾选了"启用配置文件校正"，或者选择了正确的镜头配置文件，你就可以改变"扭曲度"并且/或是修正"暗角"效果。我经常把暗角校正数量值去掉一点，因为我认为有些配置文件会过度修正暗角效果，而使照片的边角部位变得太亮。**图3.27**所示为调整"暗角"数量值和"设置"下拉列表选项。

当你在配置文件子面板上勾选了"启用配置文件校正"选项的时候，设置菜单的默认值为"默认值"。有点文字游戏的意思，是吧？如果你修改了配置文件选项，或是修改了校正数量值参数，设置菜单会变为"自定"。还有一个菜单项目叫作"自动"。这看上去可能会让人觉得有点乱——反正当我第一次

注释：你可能会问，为什么在设置菜单中既有一个"自动"选项又有一个"默认值"选项呢？我也曾疑惑过。实际情况是，只有在改变某个镜头配置文件的设置的时候，"自动"选项和"默认值"选项的区别才会显现出来。如果改变了某个镜头配置文件的设置，菜单中的选项将会由"自动"变成"自定"；而如果你将其"存储新镜头配置文件默认值"了，那么设置菜单中的选项会显示为"默认值"。

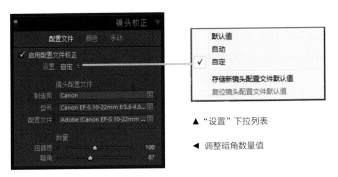

图3.27 "设置"下拉列表选项

▲ "设置"下拉列表

◀ 调整暗角数量值

见到的时候是给弄糊涂了——但是如果你理解了选项含义，是可以掌握其中的逻辑的。如果把设置项选择为"自动"，Camera Raw会自动为照片选择相匹配的配置文件。自动选项看起来相当简单而且直观，是吧？然而，如果你对自动选择的配置文件中的校正数量值做任何修改，或是选择其他镜头配置文件（如果你为某支镜头准备了多个配置文件的话），设置菜单选项会变更为"自定"。如果想要保存对某个镜头配置文件做出的修改设置，并使其成为默认值，可以通过选择"存储新镜头配置文件默认值"选项来实现这一目的。

设置菜单为何有这些不同选项？因为它们是以你设置预设值的方式表示的，而无需你每次重复操作镜头配置文件关联设置。如果你想要让Lightroom或Camera Raw以默认值的方式将镜头和配置文件自动关联，这些菜单选项就发挥作用了。（别忘了，Lightroom和Camera Raw分享相同的默认设置。）

如果已经选择了"自动"选项，并且创建了一个新的Lightroom或Camera Raw预设，你可以在Lightroom的导入环节中应用这些预设（或是在Bridge中使用Camera Raw）。无论你的相机或镜头的型号是什么，如果Lightroom或Camera Raw可以为镜头找到配置文件，自动镜头校正预设就会对正确识别镜头的照片实施校正。这一功能非常有用而且节省时间。

你是否想要应用自动镜头配置文件校正有时候完全取决于所拍摄照片的题材类型。显然，如果拍摄的是建筑物，那么你需要应用配置文件校正——这是无需赘言的；如果拍的是风景或肖像，你可以使用也可以不用。配置文件校正是经过精密计算的，所以根据不同的校正情况，你的处理过程可能会放缓。我甚至觉得这也取决于你的镜头。示例照片显示出了明显的畸变，这是可以很容易通过配置文件以及使用颜色子面板控制项目处理掉的。

2. 颜色子面板

绝大多数广角镜头和许多变焦镜头都存在横向的色差问题。在之前版本的Lightroom和Camera Raw中，只能以手动调整滑块的形式校正色差。到了Lightroom 4和Camera Raw 7的时候，横向色差问题可以通过单击"删除色差"项目来自动解决。这一项目是默认不应用的，但其实这项功能是在Lightroom和Camera Raw中，可以应用的若干种照片自动调整功能之一。照片以3:1的比例显示下，未经校正的和经过校正的效果对比，以及颜色子面板操作界面如**图**3.28所示。

这支镜头产生了可见的横向色差，不过它并未产生任何纵向的色差。

注释："删除色差"功能会计算基于照片的色差校正的数量值。镜头配置文件校正功能不能用于移轴镜头，但是可以很好地应用于自动色差校正。移轴镜头不能使用配置文件校正的原因在于，当进行移轴操作的时候，镜头的光学中心已经改变，因此其畸变和暗角也不再是对称分布的了，而镜头配置文件能够发挥作用依赖于镜头的光学性能保持对称分布。

▲ 未经校正的照片有明显的绿边和品红色边现象　　　▲ 校正过的照片去除了色差现象

图3.28　在"颜色"子面板上校正色差

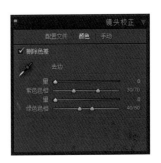

▲ 全图显示可见明显的紫边现象

图3.29　使用去边工具"边颜色选择器"

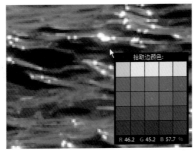

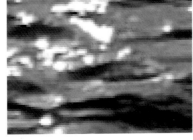

◀ 拾取边颜色

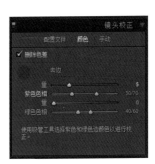

▲ 去边设置

◀ 显示校正效果细节

　　纵向（或轴向）色差通常被称为"镶边"现象。常出现于用长焦镜头拍摄高反差区域的焦外部分。紫边现象出现在焦平面前部，而绿边则出现在焦平面的后部。从廉价的手机镜头到非常昂贵的定焦镜头，镶边的问题几乎所有镜头都有。当使用大口径镜头开大光圈拍摄时，镶边现象就特别容易显现。拍摄时，将光圈缩小可以有效降低镶边现象出现的概率，不过利用新的"去边"校正功

▲ 精细调整量值之前的预览效果

▲ 精细调整量值之后的预览效果

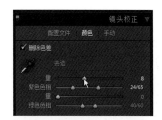

▲ 调整紫色量值

▲ 精细调整紫色色相之前的预览效果

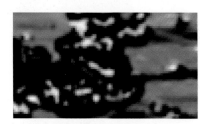

▲ 精细调整紫色色相之后的预览效果

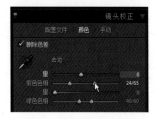

▲ 调整向红色扩张的紫色色相

图3.30　使用预览图调整量值和紫色色相滑块

能可以在后期处理时基本上去除颜色镶边现象。**图**3.29所示的照片就存在这种相当严重而且明显的紫边现象。

"边颜色选择器"有点类似于白平衡选择器。单击边颜色选择器即启用，然后在照片中找到有镶边现象的位置单击，软件会自动识别出镶边中紫色色相或绿色色相的"量"值（这取决于镶边的颜色）。

紫色和绿色的"量"滑块决定了需要去除颜色的力度。去除颜色镶边功能受紫色色相和绿色色相滑块所确定的色相范围的约束。色相滑块决定需要去除的色相范围以及设置色相和范围，该项控制分别有两个滑块，决定着色相范围的端点位置。

可以使用"边颜色选择器"在图像上拾取并决定需要去除的镶边色相量值，或者使用手动拖曳滑块的方式——像我一样，先使用"边颜色选择器"，再手动调整直到满意为止。颜色子面板的设计概念有点类似于细节面板，当按住Option键（Mac系统）或Alt键（Windows系统）的时候，可以在图像上直接看到量值滑块或色相滑块变化的预览效果。**图**3.30所示为量值和色相滑块的可视化预览。

这一预览功能让我适应了一段时间。在使用量值滑块的时候，预览中出现的非白色区域为去边的区域。当你调整量值的时候，颜色边就会被去掉。而在紫色色相预览中，黑色区域指的是正在被调整的色相扩张的区域。是的，这看

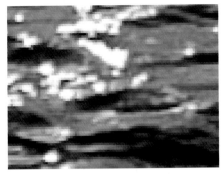

▲ 校正之前

▲ 校正之后

图 3.31　去边校正前后效果对比

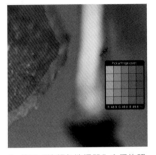

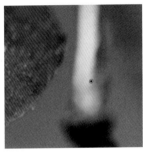

▲ 使用"边颜色选择器"之前的照片状态

▲ 使用"边颜色选择器"之后的照片状态

▲ 选择手动调整，并使用调整画笔去边后的效果

图 3.32　在处理同颜色物体的时候，用笔刷刷走颜色镶边

起来有一点怪，不过经过一定的练习之后，你就能调出既忠实于原照又去除了镶边问题的照片来了。**图** 3.31 所示为去边校正工作前后的照片效果对比。

　　有些照片可能既需要去紫边校正也需要去绿边校正。"边颜色选择器"对二者都适用。当你操控选择器在照片上移动，并单击紫边位置的时候，选择器会自动调整紫色量值和色相。如果照片中也存在绿边现象，单击绿边区域，软件会自动调整绿色量值和色相，同时并不影响去紫边的设置。如果再次单击紫边区域，紫色设置会相应改变，但不会影响绿色设置。

　　如果照片中既有紫色物体又有绿色物体，你就得非常仔细地调整设置量值了，以避免紫色或绿色物体边缘被侵蚀。**图** 3.32 所示为在一个这样的案例中，去边工具并未被最优化使用的情况。

　　这是一个颜色面板的去边校正功能未能良好发挥作用的例子。照片中既有紫色的花瓣又有绿色的植物茎秆。单击"边颜色选择器"选取紫边位置，软件将植物茎秆边缘的紫边去除掉了，但是同时绿色也吃进了紫色花瓣的边缘位置。这种情况下，唯一的选择就是停止全局去边的量值调整，然后选择使用调整画笔做去边调整控制，逐步地将绿边去掉。虽然这种局部去边调整控制还不能做到和参数设置一致，但它的优势在于可以只对需要调整的区域刷画笔，实现去边效果。

3. 手动子面板

镜头校正面板中的最后一个子面板就是手动子面板，如**图**3.33所示。我用**图**3.25所示的那张照片做示范，来讲解手动校正梯形畸变，以及旋转调整功能。

为了把照片中的建筑物校正，我将"垂直"滑块调整设置为-33，"旋转"滑块调整设置为-0.4。同时我还勾选了"锁定裁剪"（稍后我会讲解这一选项）。当调整变换项目的滑块时，你会发现Lightroom会自动在预览照片上覆盖一个网格。在Camera Raw中，可以通过V键来开启或关闭网格。"比例"功能可以让你控制裁剪区域内的照片显示比例（-50～+150）。如果勾选了"锁定裁剪"功能，也可以不使用比例功能。然而，如果没有勾选"锁定裁剪"项目，就可以实时改变裁剪区域，按照你自己的愿望手动变换调整图像，且尽量多地保存图像内容。**图**3.34所示为锁定裁剪功能项的开启和关闭示意。

变换调整可以纠正成像中出现的扭曲变形问题，因此照片中的一些边界位置的像素就会被抛弃掉。如果取景构图不是特别紧张，那么变换调整影响不大。但是如果想要尽可能保留原始照片的内容，那么选择不勾选"锁定裁剪"功能项可以让变形后的照片范围大于原始照片边界，使照片的所有内容得

图3.33 调整梯形畸变以及旋转调整功能

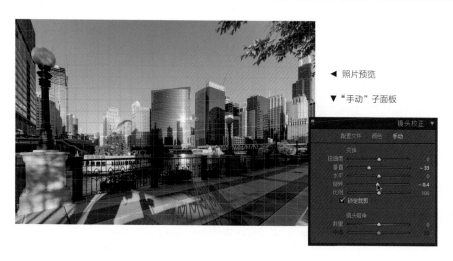

◄ 照片预览

▼ "手动"子面板

▲ 锁定裁剪功能开启

▲ 锁定裁剪功能关闭

图3.34 "锁定裁剪"功能开启前后对比

以完整保留。由于变换调整而空出的区域，Lightroom 和 Camera Raw 会用中性灰色来填充。如果想要这种照片的边缘位置也有内容，可以将这种未经裁切的照片导入 Photoshop，使用内容填充功能将照片边缘的空白位置填充上内容。

如你所见，镜头校正面板功能丰富而且强大，不过若想用好这些功能，最大限度地发挥照片的品质潜力，还需谨慎权衡使用。

3.4.7 效果面板

效果面板只有两项功能：裁剪后暗角和颗粒功能。（在 Camera Raw 中，由于某种原因，这两个功能的排列顺序是反过来的。）可能有人会对这两种工具颇有微词，不过我倒是经常使用它们——其实也是有所限制的（就是说，往往调整幅度都是很小的）。

1. 裁剪后暗角

正如这一功能的名称所指，"裁剪后暗角"功能可以为裁剪后的照片添加暗角效果。在镜头校正面板中，对于未经裁切的原始照片进行暗角调整控制，是因为我们将暗角看成一种镜头的成像缺陷，而非一种创意效果。有点讽刺的是，我经常将一张照片在镜头校正面板里做一定量的暗角校正（如前一小节所

注释：关于配置文件校正，有一个特殊的情况需要讲一下，就是使用鱼眼镜头拍摄而又"去鱼眼化"的功能。这一功能是相当神奇的，只是我觉得使用鱼眼镜头拍摄然后再去除鱼眼效果的做法有点傻而已，所以我也不想再举例示范了。如果你有一支鱼眼镜头，可以自己试一下这一功能。这一功能很奏效，不过在做完校正后，照片的边角位置成像会变软，而且成像品质会降低。

▲ 裁剪后暗角功能应用之前

▲ 裁剪后暗角功能应用之后

图3.35 裁剪后暗角功能应用
前后效果对比

述），然后在这一面板中对已经裁切过的照片进行再调整。镜头暗角校正通常被用做提亮照片边角成像，裁切后暗角功能则通常被用作压暗照片边角部位，以实现突出照片中心部位，产生中心吸引力的效果（其实也可以通过反向调整提亮边角部位）。**图3.35**所示为我使用这一工具的典型案例。

我是在南极洲拍摄的这张海豹的照片，使用了一台佳能 EOS 1Ds Mark II 相机配一支70‐200mm镜头。全画幅相机在镜头200mm端的成像仍需后期裁切，目的是让海豹在照片中的形象大一点。同时我觉得海豹周围的冰山应该被压暗一些以突出照片的主体海豹，因为，近距离观察海豹才知道它们是那么一种巨大的、骇人的动物。它们身长有2.4～3.4米，体重达到270千克，而且它们还长有很多的牙齿。我认为这张照片应该使用一些裁剪后暗角效果。

在把我对这张照片的调整设置展示出来之前，我想先描述一下所有控制项目的基本含义。

- **数量**控制着"裁剪后暗角"功能压暗或提亮的幅度。
- **中点**可以改变暗角分布范围向中心聚拢或是向四周扩散。
- **圆度**用于调整暗角分布的圆度或椭圆度，或者极端的情况下，几乎是矩形的效果。当圆度值为-100的时候，暗角效果几乎只位于照片四边的边缘位置。
- **羽化**用来控制暗角渐变（羽化）效果的软硬度。通常而言，我们都想要足够软的暗角效果，因此你也不必观察软硬度的起始点变化了。
- **高光**用来控制照片边角位置保留多少高光细节。当"样式"下拉菜单选择

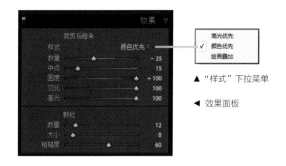

图3.36　效果面板中的裁
剪后暗角功能

▲ "样式"下拉菜单

◀ 效果面板

为"绘画叠加"的时候，高光项目控制失效。

图3.36所示为我对**图3.35**所示照片的调整设置。我使用了相对低的-25的数量设置以及15的中点设置，将暗角效果向中心聚拢了一些；羽化和高光设置均为100，我希望羽化的效果非常细腻，而且不希望高光的设置使照片变得太灰；样式菜单我选择了"颜色优先"选项。

"样式"下拉菜单，如**图3.36**所示，控制着暗角调整与照片混合方式。颜色优先通常是最佳选项，该选项可以保持照片边角部位颜色自然，同时保持可信任的高光细节。"样式"菜单中的不同项目作用如下。

▨ **高光优先**这一选项和镜头校正面板中的手动／镜头暗角调整工具颇有些相似。通过高光滑块调整可以对照片边角位置的高光区域亮度进行控制。高光优先样式会使颜色的饱和度受到影响。

▨ **颜色优先**选项会在照片边角被压暗的时候保留颜色表现。颜色优先样式下，通过调整高光滑块可以保存照片边角部位高光部分的亮度。

▨ **绘画叠加**选项下，照片边角被压暗而不受照片内容影响。无论照片上的内容是怎样的，都会被压暗，这种处理效果会比较呆板单调。

2. 颗粒

如**图3.36**所示，我为照片添加了少量的颗粒。这张照片是以ISO 200拍摄的，需要降噪处理，于是我在降噪的基础之上添加了少量的颗粒效果。正如我在3.4.5小节的"减少杂色"中所述的那样，在减少杂色（降噪）处理之后，添加少量的颗粒效果可以帮助减少照片中人工处理的那种虚假感觉。的确，我明白这种在降噪后添加颗粒的做法是反直觉的，但是其实这一步所添加的颗粒是比噪点小的，颗粒效果功能配合降噪使用所产生的是微细节的效果。如果从未试过这种对高噪点照片在强效降噪后添加颗粒的做法，那么你不妨试一下。

你会喜欢的。

效果面板中的颗粒效果调整提供如下控制项目。

■ **数量**控制的是颗粒效果应用强度。一般而言，只需要将其设置为一个较小的数值，除非你想要调出某些特殊效果。或者，也可以在调整完"大小"和"粗糙度"之后再回来重新调整数量值。

■ **大小**一项控制的是颗粒的大小。确定颗粒的大小并不取决于照片的分辨率，而是由添加颗粒后产生的效果决定的。对于较低分辨率的照片，可能会设置较小的颗粒，目的是避免颗粒效果掩盖照片细节。而大一些的颗粒则会使照片的锐度软化许多。

■ **粗糙度**一项控制的是颗粒团，更精确接近于胶片颗粒，其默认值为50。降低粗糙度值会使颗粒呈精细的网状分布。升高粗糙度值会使照片效果很像高ISO值胶片或胶片增感拍摄的结果。颗粒效果的另一种用途是在拼接照片的时候调整照片，以使多张照片效果一致。可以在低ISO值拍摄的照片上添加颗粒效果，使之与高ISO值拍摄的照片相匹配。

3.4.8　相机校准面板

在Lightroom和Camera Raw中，可以通过相机校准面板上的设置项目对相机中产生的颜色被渲染的方式进行控制（不同处理版本之间有所异同）。这和色彩校正调整并不是一回事。配置文件被设计成针对相机型号校准颜色渲染。Lightroom和Camera Raw都支持海量种类的RAW格式文件，软件工程师们为每个相机型号创建所支持的配置文件。显然，软件工程师们不可能专门去你的工作室然后为你的相机创建定制的配置文件，他们只可能针对一批样机做配置文件。十分可能发生的情况是，你的那台相机可能和他们做测试用的那台样机有一点差异，那么你可能就需要为自己的相机做定制的配置文件，这样就可以产生比Lightroom和Camera Raw的默认值更精确的渲染效果。相机校准面板及其若干下拉菜单如**图3.37**所示。

菜单的展开项目取决于照相机的型号。DNG格式的配置文件则基于照相机的Exif元数据。不是所有的相机都有这些选项，这些基于照相机的选项的命名方式也取决于相机厂商。这些选项是用来模拟相机厂商在相机中对JPEG格式文件的渲染设置。不过，需要指出的是，Camera Raw并不能自动拾取基于Exif元数据的配置文件，所以你只能手动选取不同于Camera Raw的默认配置

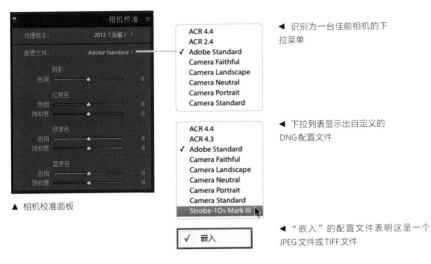

图 3.37 "相机校准"面板及其菜单

▲ 相机校准面板

◄ 识别为一台佳能相机的下拉菜单

◄ 下拉列表显示出自定义的 DNG 配置文件

◄ "嵌入"的配置文件表明这是一个 JPEG 文件或 TIFF 文件

文件的一些其他的配置文件。有些照相机只有 Adobe Standard 默认配置文件选项；适马（Sigma）相机则是默认为嵌入的配置文件。

如果配置文件下拉菜单中有选项 ACR 4.4 或 ACR 2.4 ，如**图 3.37**所示，这意味着 Camera Raw 对相机的最初支持是上述的版本。如果进入选项出现障碍，意味着在 Camera Raw 中，最早的版本已经被后来的版本修正过了。根据这一规律，不建议使用矩阵模式的配置文件，除非不打算对已编辑过的渲染模式进行更改。

相机是否与定制的配置文件相匹配，其实取决于你那台相机与创建配置文件的时候所用的那台样机的一致度有多高。我的绝大多数相机和配置文件都很匹配，所以我的结论是，Adobe Standard 是令人满意的。我最早自定义配置

创建你自己的 DNG 配置文件

如果你想探索创建自己的 DNG 配置文件或编辑已有配置文件的可能性，那么 Adobe 公司提供的一款叫作 DNG Profile Editor（DNG 配置文件编辑器）的免费的应用程序将会帮到你。通过它，以及配合使用爱色丽色卡（X-Rite ColorChecker），你可以为自己的相机创建自定义的 DNG 配置文件。

爱色丽还有一款新产品名叫爱色丽色卡护照，它包含了一款最新研发的色卡色表以及易用的软件，方便用户创建 DNG 配置文件。

文件的案例是对我那台飞思P65+数码后背做的，我也因此受益于我自己定制的双照度DNG配置文件（dual-illuminate DNG profile）。在**图3.37**所示的第二个下拉菜单中，可以看到一个我为我的佳能EOS-1Ds Mark III相机创建的自定义配置文件，这是我通过在影室中拍摄闪光灯（Strobes）测试而创建的。这一配置文件和默认的Adobe Standard DNG配置文件很接近，只是更精确一些，尤其是在蓝色和紫色渲染的部分。

如果你需要严格地拍摄某些产品颜色或艺术品（如油画），我很认真地建议你针对你的拍摄设置，创建一份自定义的DNG配置文件。如果你的拍摄需要在某种非全光谱照明的条件下进行，比如荧光灯、HMI电影照明（hydrargyrum medium-arc iodide）或LED灯，创建一份自定义DNG配置文件也是有必要的。

至于你是否需要创建一套双照度配置文件，这完全取决于你自己。不过如果你想要一个配置文件同时适用于日光和钨丝灯的情况，试试在这两种情况下拍摄色卡，然后创建一个双照度配置文件吧。

有些人认为Adobe Standard的配置文件不够精确（我见过持这种看法的人），不过Adobe Standard配置文件的确不适用于相机LCD屏或JPEG格式文件。软件工程师们不怕麻烦为很多受欢迎的相机创建供应商适用的配置文件，目的是提供另一种色彩渲染方案，而这只是与相机拍摄JPEG格式文件时所产生的颜色非常接近而已。**图3.38**展示了两张照片：一张为使用Camera Standard（相机标准）的DNG配置文件对RAW格式文件渲染的结果，另一张为由相机输出的JPEG格式文件。Raw和JPEG格式的两张照片为同一时间，由同一台相机按照"存储为RAW+JPEG"模式拍摄的照片。你能分辨出二者的区别吗？

在相机的配置文件之外，相机校准滑块调整是从Lightroom和Camera Raw使用DNG配置文件之前就开始应用并一直沿用下来的。其实无需调整这些滑块，除非你想用它们做一些创意后期处理，或是在DNG配置文件渲染之

图3.38 RAW格式和JPEG格式的色彩渲染结果对比

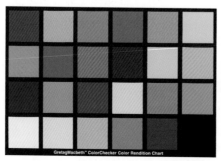

▲ 照片A

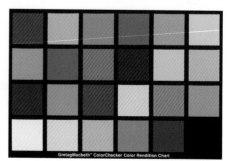

▲ 照片B

上做一些精细调整——这些滑块调整项目其实只是附带的。

- **阴影色调**这一项目控制的是照片阴影区域绿色—洋红之间的色调平衡。负向调整为加绿色；正向调整为加洋红色。查看一下色卡中最暗的方块，如果它是明显的非中性色，使用阴影色调控制调整来使红、绿、蓝三色色阶尽可能地接近一致。一般而言，这三原色的色阶之间不该有一点差异。

- **红、绿、蓝色色相滑块**的工作方式很像Photoshop中"色相/饱和度"命令中的色相滑块。负向调整时色相角度按逆时针方向转动；正向调整时则反之，为顺时针方向。

- **红、绿、蓝色饱和度**滑块的工作方式很像Photoshop中"色相/饱和度"命令中的饱和度滑块的简化版。负向调整降低饱和度；正向调整增加饱和度。使用色相和饱和度滑块调整过程中关键是要理解以下几点。

  - 红色色相和红色饱和度滑块不调整红色色阶，它们调整的是蓝色和绿色。
  - 绿色色相和绿色饱和度滑块则调整红色和蓝色。
  - 蓝色色相和蓝色饱和度滑块调整的是红色和绿色。

弄明白了吗？如果这些对你而言仍然难以理解，不妨在"修改照片"模块中打开一个色卡图片，然后随意调整一些滑块看看效果变化。你会很快找到窍门的，虽然这些滑块调整其实没什么用，除非你想做点创意试验（更多内容参见第4章）。

> **注释：**关于**图3.38**中的两张照片，答案是照片A为JPEG格式文件，照片B为RAW格式文件。

3.5 Lightroom 和 Camera Raw 的工具

Lightroom和Camera Raw提供的工具设置很相似，都包含裁剪、点修复、红眼去除、渐变滤镜以及一个调整画笔的功能。两种软件的功能都是一样的，不过用户界面和易用性略有不同。

例如，在Lightroom中选择一个工具的时候，工具面板会出现在工具栏下方，提供所需的工具功能。而在Camera Raw中，当一项工具被选择的时候，工具面板会出现在调整面板的位置，代替调整面板。在易用性方面，二者也有轻微差别，如Camera Raw的调整画笔工具就不具备A/B画笔切换的功能。

另外，当你在Camera Raw的工具栏中选用"目标调整工具"的时候，它的默认设置为在参数曲线面板中，即便此时曲线面板尚未被激活。这一设计在

小贴士： 使用笔记本电脑的时候，我经常把工具栏隐藏起来，这样可以省出一点屏幕显示空间来。其实所有工具栏里的工具在菜单中也都有，或者也可以使用键盘快捷键。

混合使用"基本"面板调整和"参数曲线"面板调整的时候可能会很有用。在Camera Raw中，若想在"HSL/灰度"面板中使用"目标调整工具"，"HSL/灰度"面板必须被激活才行。

"点修复"和"调整画笔"的画笔光标形状也稍有不同，虽然它们的功能都相同。在Camera Raw里，有一个颜色取样器工具，这一取样器可以同时对照片中的9个点取样，而Lightroom中则只有一个单独的非持久式的RGB拾色器，光标只是悬浮在照片上，并不能定住并记录。

笼统地看，所有这些区别都很小。然而，如果你在执行不同任务的时候，需要在Lightroom和Camera Raw之间来回转换，那么了解并留心注意这些区别就很有用了。**图3.39** 所示为Lightroom工具栏，**图3.40** 所示为Camera Raw的工具栏以及各个工具相应的键盘快捷键。是的，学习Lightroom和Camera Raw的不同的快捷键得花点时间，这的确挺烦人的，不过现实如此，没有更好的办法。另外，在Lightroom中，"红眼校正"是没有键盘快捷键的——我猜那帮软件工程师们是用完了所有的按键了吧。

在Lightroom中，当你激活了一个工具的时候，照片下方的一行工具栏就转变成适用于已激活工具的选项。如果没见到这行工具栏，那么可能是把它隐藏了，按T键可以将其恢复显示。我个人认为Lightroom里的工具比Camera Raw里的工具好用一些，不过不能就此"一刀切"地说我更喜欢Lightroom。

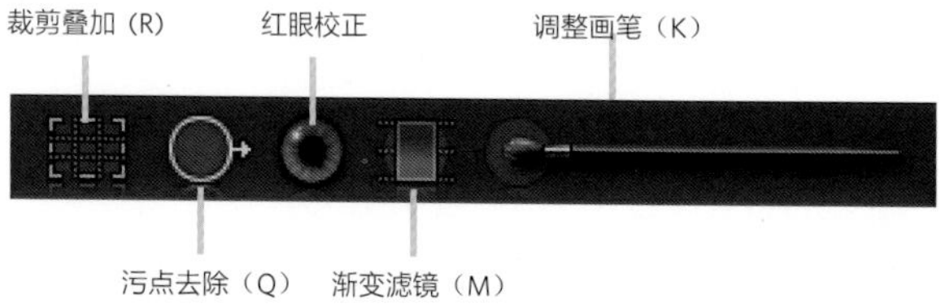

图3.39 Lightroom工具栏

裁剪叠加（R）　红眼校正　调整画笔（K）
污点去除（Q）　渐变滤镜（M）

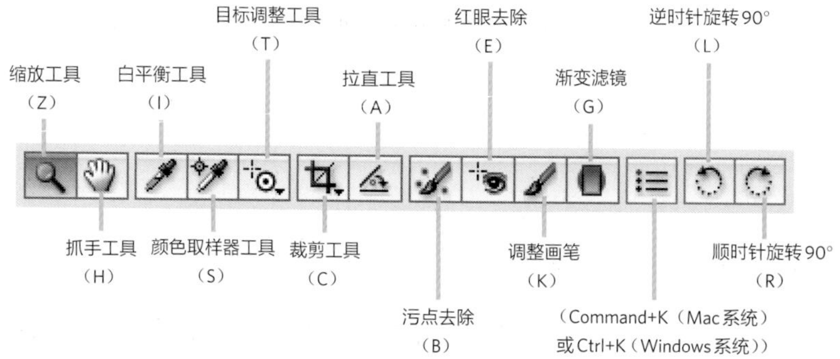

图3.40 Camera Raw工具栏

缩放工具（Z）　白平衡工具（I）　目标调整工具（T）　拉直工具（A）　红眼去除（E）　渐变滤镜（G）　逆时针旋转90°（L）
抓手工具（H）　颜色取样器工具（S）　裁剪工具（C）　污点去除（B）　调整画笔（K）　顺时针旋转90°（R）　（Command+K（Mac系统）或Ctrl+K（Windows系统））

我喜欢在Camera Raw里剪裁照片时候的缩放功能设计，不过我更喜欢Lightroom的用户界面。在使用点修复工具的时候，我认为Camera Raw也比Lightroom的更快、更易用。总之，所有这些区别里，没有一项足以让我从其中一个软件转而投靠另一个，二者总的来说都差不多。

3.5.1 Lightroom和Camera Raw的裁剪工具

Lightroom和Camera Raw都提供用于裁剪照片的工具。虽然裁剪结果一样（裁剪动作会被存储于元数据文件中），但裁剪的操作方式略有不同。

1. 在Lightroom中裁剪

有些人很喜欢Lightroom的裁剪方式，有些人则似乎很讨厌这种移动照片而不是移动裁切框的方式。如果你喜欢这种方式，那么这种裁剪方式在研发阶段的时候，我也曾扮演了一个小角色；但是如果你讨厌这种方式的话，这可全是马克·汉姆伯格的错哦。当马克最初开发Lightroom的时候，我曾强烈地向他抱怨过Photoshop的裁剪工具有多难用。在Photoshop中，调整和旋转裁切框是需要把脑袋跟着歪过来看才行的。我的建议是动照片，而裁剪框不动，这样你看到的裁剪区域预览就永远都是正向的了。有些用户费了很长时间来适应这种新的裁剪方式，但是一旦适应了，就会发现它的好处。不

注释： 也许你会好奇，为什么"裁剪后暗角"功能未被激活。当裁剪工具被激活的时候，"裁剪后暗角"的暗角预览效果会被关闭，当裁剪完成后，这一功能才会被恢复。Camera Raw中的裁剪工具没有这种设计，在裁剪过程中，"裁剪后暗角"的效果不会消失。

图3.41 Lightroom的裁剪工具

▲ 裁剪面板

◀ 裁剪预览

▲ "输入自定长宽比" 对话框

◄ "长宽比" 下拉列表

图3.42 "长宽比" 下拉列表
及 "输入自定长宽比" 对话框

过，即便是Photoshop CS6都已经开始重新设计剪裁工具了，其默认设置和Lightroom一样（如果你有晕动症，可以把它关了）。图3.41所示为之前那张海豹的照片被裁剪的过程，以及Lightroom的裁剪叠加面板。

下面是一些基本功能的介绍。

■ 如果你是第一次接触裁剪工具，那么裁剪叠加及调整把手会出现在照片上，你可以调整裁剪框的大小，也可以旋转。

■ 如果锁定了长宽比，那么锁定的裁剪框长宽比默认为照片原始长宽比。如需改变长宽比，单击裁剪面板中的小锁头标志即可解锁。

■ 拉直工具可以让你在照片中拖曳出一条线，直到转到正确的角度为止。你也可以（在裁剪工具被激活的时候——译者注）按住Command键（Mac系统）或Ctrl键（Windows系统）配合使用拉直工具，而无需单击角度按钮。

■ 裁剪面板中有一个 "锁定以扭曲" 选项（等同于镜头校正面板中手动子面板里的 "锁定裁剪" 选项）。

图3.42中所示为长宽比下拉列表。

在长宽比列表中，可以通过选择 "输入自定值…" 选项，并在 "输入自定长宽比" 对话框中输入数值的方式，来定制不同的预设值，自定长宽比的默认值为1 × 1。在对话框中输入想要的长宽比，然后单击 "确定" 按钮即可。新的自定长宽比会作为一个选项显示在长宽比下拉列表的底部。一共可以存储5个自定长宽比值，如果增加第6个长宽比，之前的最后一个长宽比比值会被替换掉。如图3.42所示，我已经存储了两个长宽比——3 × 2和9 × 11。当然，3 × 2其实和菜单中的一个默认预设值重复了。我想删除这个重复的长宽比，可是现在有一个事实摆在面前：你无法删除已预设的自定长宽比。是的，这是软件工程师们为用户遗留下来的一个小麻烦。我是怎么处理这个问题的呢？通常情况下我不做自定长宽比预设！这是一种 "如果有害，就别这么做" 的解决方案，不过我们也没更好的办法。

Lightroom中的裁剪工具令用户们（包括我自己在内）挠头的另外一个问题是，裁剪的时候没法衡量裁剪的尺寸。这也是因为我们所面对的是数字底片，而数字底片在未经渲染成像素照片之前是没有尺寸或分辨率这些概念的——而这些步骤只能在

▲ "修改照片视图选项"对话框

▲ 放大视图信息显示

图3.43　"修改照片视图选项"
对话框及其显示方式

导出的时候才能完成。在导出之前，软件唯一能显示的关于像素的数据就是像素尺寸，方法只能是在"修改照片视图选项"对话框中选择显示"裁剪后尺寸"。**图3.43**所示为"修改照片视图选项"的对话框，其路径为主视图菜单中的"视图选项（V）…"一项。不过问题又来了，只有当你把裁剪工具的裁剪框放开的时候，才能看到裁剪后的像素尺寸。我认为他们应该在下一个版本中改进这一问题。

图3.41所示的照片是按照"三分法则"叠加的裁剪参考线（基于三分法构图原则，这也是我最常使用的法则）。你可以在主工具菜单中的"裁剪参考线叠加"中选择其他的裁剪参考线叠加方式。你也可以通过按键盘快捷键字母O键，来循环切换不同的参考线选项（或是按住Shift+O组合键来切换网格叠加方向，如在黄金分割和黄金螺线中）。你同样可以选择隐藏这些裁剪参考线（网格），选项位置在主工具菜单的"工具叠加"中。不过说真的，三分法则和最简单的网格是最好的选项，除非你对斐波那契数列感兴趣。（搜索一下这个词，没准你真感兴趣，或者也许你看一会就能睡着。）

关于在Lightroom中进行裁剪的话题就说这么多吧，除非由于某些构图、装裱框或相册规格的原因陷入某个特定的长宽比陷阱，你不该沉迷于某个特定的长宽比而不出来。为照片找到最优化最适合的裁剪比例吧，别拘泥于某个给定的长宽比却乐此不疲。

2. 在Camera Raw中裁剪

在Camera Raw中裁剪照片和在Lightroom中的操作方式很相似，除了裁剪过程中移动和旋转的是裁剪框，而不是照片这一点外。这种方式有点老

图3.44 Camera Raw的裁剪工具下拉菜单

▼ "自定裁剪"对话框

◀ Camera Raw的裁剪工具下拉菜单

▲ "自定裁剪"对话框下拉菜单

派，不过也很好用。裁剪工具下拉菜单中的排列布局和功能有点不同：Camera Raw可以自定长宽比裁剪，不过这种裁剪的长宽比不会被存储为预设值。

你还有一个选择，当进行自定义长宽比裁剪的时候，在"自定裁剪"对话框中，可以更改数值单位。这意味着你可以输入具体的长宽尺寸数值，这点也和Lightroom中不一样。如果想指定具体的裁剪尺寸（以像素为单位），可以输入每边最大值为65000的像素值。如果输入的像素值大于实际照片的像素尺寸的话，可能会产生超采样的效果，使得照片达到极限值512MP（51200万像素，这是Camera Raw和Lightroom所能接受的照片像素最大值）。如果试图输入超过65000的数值，软件会提示最大值为65000。

拉直工具有一个自己专用的按钮，不过实际上它只是裁剪工具的一个半模式状态。你也可以通过在使用裁剪工具的时候按住Command键（Mac系统）或Ctrl键（Windows系统）来让它出现。我觉得用键盘快捷键的方式使用拉直工具比按工具栏按钮的方式更有效率，因为如果是按按钮的方式，还得再按一次按钮，然后修改旋转定位。**图3.44**所示为Camera Raw的裁剪工具下拉菜单和"自定裁剪"对话框。

在裁剪工具下拉菜单中有一个"显示叠加"的项目用于启动裁剪参考线叠加，其中包含两种内置的参考线叠加：三分法则（这和Lightroom中的一样）以及网格。网格叠加只会在手动旋转裁剪框的时候才出现。

3.5.2 Lightroom和Camera Raw的污点去除工具

污点去除工具是基于Photoshop中的污点修复画笔工具而开发的。污点去除工具被设计成用来去除由于数码相机感光元件上沾染的灰尘而导致的成像污点。不像Photoshop中的仿制图章工具和修复画笔工具，它并不适用于也不擅

图3.45 污点去除工具面板及
一张真正有污点的照片

◀ 有污点的照片

▼ 污点去除工具面板

长于传统的后期润饰修复工作。如果把上述重任交由此工具处理，后果必然令
人失望。不过在其专长范围内，它的处理效果不错。

1. Lightroom 中的污点去除工具

图3.45 所示为一张典型的需要去除污点的照片，以及污点去除工具面板。

污点去除工具面板提供一种以仿制或修复画笔为基础算法的功能。就我个
人而言，我会忽略"仿制"选项，因为无法控制仿制画笔的羽化程度，而且仿
制画笔的效果很难达到我的要求。我也不打算花费精力去调整"不透明度"滑
块。重复一句，这一功能和 Photoshop 中的润饰功能真的不一样。"修复"选
项可以很好地保存源质地和目标质地，并在修复的过程中将其混合。不过如果
调低了"不透明度"，那么它倾向于将目标点区域质地软化的效果。

我使用的这张示例照片拍摄于南极，那里是地球上最干燥、扬尘最多而且
最荒凉的地方（有人这么讲过），我在那儿拍的照片也都可见巨量的污点现象。
每次我换镜头的时候，问题都会变严重。我其实是在处理过这些南极照片之后
才学会了如何使用污点去除工具的！

使用污点去除工具的基本方法非常简单：找到一个污点位置然后单击画笔
光标圆圈，此时 Lightroom 会设定一个指定点，并自动除掉目标点中的污点。
大部分时候，软件的测定很准，但并不是每次都准。如果你不认可软件指定的
源点圆圈区域，可以通过拖曳源点圆圈的方式改变指定位置。当你移动源点圆

图3.46 使用污点去除工具的方法

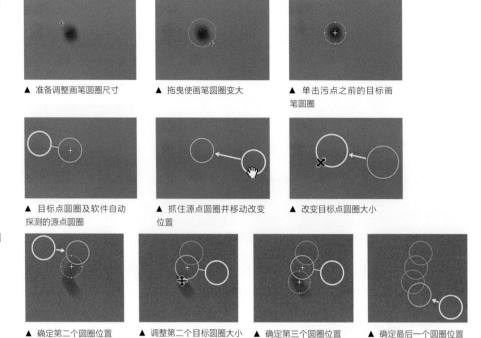

▲ 准备调整画笔圆圈尺寸　　　▲ 拖曳使画笔圆圈变大　　　▲ 单击污点之前的目标画笔圆圈

▲ 目标点圆圈及软件自动探测的源点圆圈　　　▲ 抓住源点圆圈并移动改变位置　　　▲ 改变目标点圆圈大小

图3.47 多点去污修复及非圆形大污点修复

▲ 确定第二个圆圈位置　　　▲ 调整第二个目标圆圈大小　　　▲ 确定第三个圆圈位置　　　▲ 确定最后一个圆圈位置

圈的时候，Lightroom会提供目标圆圈内的快速预览，帮助你判断去除污点效果。你也可以通过拖曳目标圆圈外围的方式来改变修复圆圈大小。在单击污点位置之前，也可以在污点去除工具面板中更改画笔圆圈尺寸，或是使用键盘快捷键右中括号（]）来调大画笔尺寸、左中括号（[）来调小画笔尺寸。或者，也可以直接在照片上调整画笔尺寸，即按住Command键（Mac系统）或Ctrl键（Windows系统），然后拖曳画笔使其变大或变小。一般而言，拖曳的方向是从左上到右下，不过你也可以按Option键（Mac系统）或Alt键（Windows系统）然后从光标中央开始。**图3.46**所示即为Lightroom中改变污点去除工具的光标圆圈大小的方法。

　　理论上，我会使用尽可能小的画笔尺寸覆盖污点。不过不是所有的污点都是圆形的。Lightroom目前尚未提供非圆形的去除污点画笔，因此我们可以用成组的较小的画笔覆盖不规则的污点。只要保证这些圆圈能够连续连接，并能覆盖住污点范围，能够去除污点即可。**图3.47**所示为多点去污修复以及非圆形大污点修复示例。

　　我不想骗你，其实在Lightroom中润饰修复照片中的电线可不是容易的

▶ 经过污点去除操作的照片以及所选择的多张照片

图 3.48　同步多张照片污点去除

▲ 只勾选了"污点去除"项目的"同步设置"对话框

◀ 另一张用来评估同步污点去除效果的照片

事。你可能会为此投入大量的基础性的润饰工作，不过从某个层面上来说，你不如放弃这一打算，然后把照片导入Photoshop中去解决这一繁重的问题。不过，有一件事Lightroom能做而Photoshop不能做：同步批处理修复多张数字底片上的污点。在现实拍摄过程中，感光元件上的绝大多数灰尘不会移动位置，因此在相当多的照片中，这些灰尘所产生的污点也都在同样的位置上。十分可能的情况就是，在一张照片中的污点修复也适用于下一张。这种以一张为示范，同步多张照片批处理的功能设计真是太赞了！**图3.48**示范了从一张照片到多张照片的同步污点去除操作步骤。

　　第一张图中所示为已经经过污点去除操作的样本照片（可以看到照片上分布着很多污点去除工具留下的布置好位置的小圆圈）。用于同步批处理的其他照

小贴士： 对多张照片同步批处理污点去除操作其实很简单，不过前提是非感光元件污点不包括在内。如果在拍摄的时候，使用三脚架固定相机，并且拍摄对象也不是移动体，那么感光元件上的污点也不会有多少移动的，但是后期润饰阶段的除污点等操作没法同步批处理。因此我们可以先进行感光元件污点去除操作，接下来同步批处理，然后再进行逐张照片的后期润饰修补操作。

图3.49 同步操作后调整污点位置

 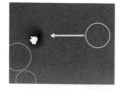 

▲ 找到一个位置不准的污点　　▲ 移动目标圆圈　　▲ 移动之后的处理结果

片也已经被选中了（样本照片是被"突出选中的"）。同步操作，单击右侧面板底部的同步按钮即可。在"同步设置"对话框中，除了"污点去除"外，取消所有剩余项目的勾选。最后一张照片为同步污点去除操作后产生的新照片。

关于同步操作，还有如下一些注意事项。

■　如果在样本照片的污点去除操作中，某个污点去除操作选用的源点圆圈位置是Lightroom软件自动探测的结果，那么在同步过程中，Lightroom也会对其他照片采取对应的软件自动探测修复源点位置操作。通常情况下，这种做法效果不错，不过你最好在同步批处理结束之后再检查一下对应位置的处理效果如何。

■　如果在样本照片的污点去除操作中，某个污点去除操作选用的源点圆圈位置是经由你手动选取的，那么在同步过程中，Lightroom会对其他照片也遵从手动选取位置，而不会采取自动探测的方式选取源点位置。强调一下，这种情况下最好检查一下需要同步的每张照片，以确保你在样本照片中选取的源点位置在其他照片中的对应位置不会出问题。

■　虽然在拍摄过程中，感光元件上的灰尘不会自己乱跑，不过有时候灰尘的位置难免会有些轻微的移动。因此需要强调的是，关于同步批处理这件事，你最好多检查一下。**图**3.49所示为一次拍摄的不同照片中，同一个污点位置有轻微变化的例子，这时候就需要重新定位污点位置了。

2. Camera Raw 中的污点去除工具

Camera Raw中的污点去除工具本质上和Lightroom中的一样。二者的主要区别在于，在Camera Raw中，当你单击并拖曳画笔光标圆圈的时候，圆圈是从最小开始逐渐变大的。在这里就没有通过从左上向右下拖曳来改变画笔大小的一说了。可以通过按左右括号键来改变画笔圆圈大小，也可以拖曳移动源点圆圈位置。源点圆圈和目标圆圈都可以通过拖曳的方式来改变大小，这一点和Lightroom中也不一样。在Camera Raw中移动源点圆圈或目标圆圈位置的时候，圆圈内看到的并非实时预览，只有当移动停止的时候，才能看到更新的预览效果。Camera Raw 中的画笔圆圈比在Lightroom中的圆圈更显眼，目标圆圈是红白相间的，源点圆圈则是绿白相间的。

在Camera Raw中当然也可以同步批处理操作污点去除，这点和Lightroom中一样，不过你必须在Camera Raw中同时打开多张照片，然后在Camera Raw 的胶片显示窗格中选取需要批处理的照片。在同步过程中，关于软件对于源点圆圈的自动探测和手动选取的处理方式，Camera Raw 和Lightroom是一样的。

事实上，Lightroom和Camera Raw 二者中的污点去除工具真没多大区别，不过可能Camera Raw比Lightroom的处理速度快一些。而且，对于大量污点的处理，Camera Raw 的处理速度也不比Lightroom慢。

3.5.3　Lightroom和Camera Raw 的局部调整功能

Lightroom和Camera Raw 中的"渐变滤镜"和"调整画笔"工具提供了一种蒙版方式的局部色调或颜色调整功能。渐变滤镜和调整画笔中使用的蒙版是渐变变化的。如果你用的是处理版本2012的，那么照片调整功能和基本面板里是一样的。如果是处理版本2010或更早的版本，那么这两种工具是被修改过、工作原理类似的控制通道，但是它们和之前处理版本的基本面板上的对应功能并不一样。这就是软件工程师们修改它们的原因之一，工程师们想要修改基本面板算法，让局部调整共享同样的工作流程。Lightroom 和Camera Raw 中的局部调整分享同样的基本功能，Lightroom有下拉菜单，可以调整控制参数，以及预设参数，Camera Raw 则是以按钮的方式来迅速调整参数，但不能预设默认参数。

渐变滤镜和调整画笔分享同样的局部调整功能，调整幅度都是+/﹣100个单位。

- **色温**调整的是颜色的冷或暖。这一项和基本面板里的"色温"调整是类似的，不过它并不计算开尔文度数。调整幅度是+/﹣100个单位。它们与基本面板中调整RAW 格式文件时的单位并不对应，不过它们与调整JPEG 和TIFF格式文件时的单位是对应的。
- **色调**和基本面板中的"色调"相似，不过并不只应对RAW 格式文件。在应对JPEG 与TIFF 格式文件时的设置都是一样的。
- **曝光度**这一项和基本面板中的"曝光度"本质上在调整幅度和单位上都是一样的。在基本面板中，一个﹣0.25的局部调整设置可以抵消掉一个

小贴士：局部调整清晰度一定比全局调整的好，这是由于渐变或画笔功能的参与使得局部调整控制功能更强大。

+0.25的曝光度调整。

- **对比度**的局部调整和基本面板中的对应功能在调整幅度和单位方面也都是一样的。
- **高光**的局部调整和基本面板的"高光修复"项目是一样的，其负向调整相当于基本面板中高光修复的正向调整。
- **阴影**的局部调整和基本面板的"阴影"项目一样。
- **清晰度**的局部调整和基本面板的"清晰度"项目一样。
- **饱和度**的局部调整和基本面板"饱和度"的项目有一点不同。当正向调整饱和度的时候，饱和度的局部调整和基本面板中的鲜艳度调整相似；当负向调整饱和度的时候，饱和度的局部调整和基本面板中的饱和度负向调整相似。
- **锐化**程度这一项的正向调整本质上相当于局部提高细节面板中的相对的"数量"值。-49~-1的"锐化程度"设置相当于降低细节面板的"数量"设置。-100~-50的"锐化程度"设置实际上相当于添加了一个类似于Photoshop中的"镜头模糊"滤镜。
- **杂色**一项也可以全局地改变（细节面板中的）明亮度"减少杂色"设置。正向数值设置可以有效提高明亮度数量值设置。负向数值设置可以减少明亮度数量值设置，不过不会出现明显的效果，除非同时在细节面板中的数量值有设置，或是在之前的项目中有局部调整设置。
- **波纹**一项用于减少摩尔纹，它可以有效减轻明亮度类型的摩尔纹现象。正向调整减少摩尔纹，负向调整则不会有什么效果，除非是由于之前一些项目的局部调整而导致的一些摩尔纹。
- **去边**是一项局部调整项目，与全局去边调整类似但并不完全相同。负向调整去边项目相当于减少全局"去边"数量值，可以降低或除掉令人讨厌的色边现象。当局部去边设置为-100的时候，可以完全保护照片中全局去边调整的区域。局部去边正向调整时，会对照片中所有颜色的边现象发生作用，并不仅限于全局去边调整中的紫色和绿色的边现象。
- **颜色**可以为照片添加一个彩色的色调，并以所选颜色的色相和饱和度的维度来调整。

1. Lightroom中的渐变滤镜工具

Lightroom中的渐变滤镜工具具有一系列单独的控制通道，这些控制通道

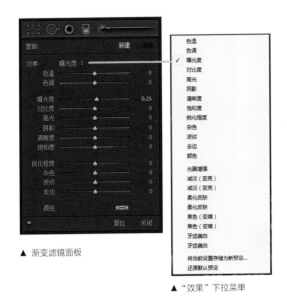

▲ 渐变滤镜面板

▲ "效果"下拉菜单

▲ "新建预设"对话框

▲ 处理版本 2010 及更早版本的控制通道项目

◀ 下拉菜单中新创建的自定义预设项目

图3.50 渐变滤镜工具面板及菜单

既可以单独应用也可以组合应用。在工具菜单顶部的"效果"下拉菜单中，可以选择你想要选择的参数。**图3.50**展示了渐变滤镜面板及其下拉菜单。如果选择"将当前设置存储为新预设"，那么新的预设会显示在下拉菜单中。**图3.50**中也包含"新建预设"对话框，对应下拉菜单中新创建的预设项目，在处理版本2010或更早的版本中，菜单中的项目会少一些。

使用渐变滤镜工具主要有两种基本方法。可以先选择一个或多个参数进行调整，然后再在照片上拖曳出渐变分布；也可以先在照片上拖曳出渐变分布，然后再进行参数调整。我觉得在确定照片中渐变分布的位置和方向之前，做一些基本的参数调整比较容易。不过这两个步骤孰先孰后真的不重要，因为可以在完成设定之后再编辑确定渐变起始点和终止点，也可以旋转渐变方向，而且可以重新调整参数。

图3.51所示为拖曳出一个基本的渐变蒙版的步骤。

当你在照片上拖曳出渐变分布的时候，可以通过按住Shift键来约束渐变方向，精确地将渐变方向约束为水平方向或竖直方向。目前还没有45°角的约束设计（有点遗憾）。在渐变滤镜工具里调整照片色调是会关联到基本面板里

图3.51　拖曳并调整出一个渐变滤镜

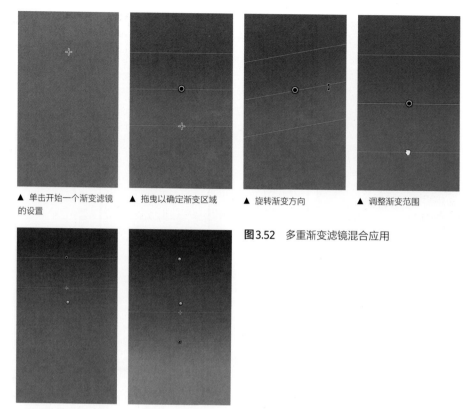

▲ 单击开始一个渐变滤镜　　▲ 拖曳以确定渐变区域　　▲ 旋转渐变方向　　▲ 调整渐变范围
　　的设置

图3.52　多重渐变滤镜混合应用

▲ 添加第二个渐变滤镜　　▲ 添加第三个渐变滤镜

的调整的（如果用的是处理版本2012的话），因此当我们开始调整照片时，不妨在应用渐变滤镜做局部调整之前，先做全局调整。对于调整画笔工具而言，情况也是一样的。那么，在渐变滤镜中设置一个-0.50的曝光度，在渐变区域，可以抵消掉+0.50的基本面板上调整的曝光度。在处理版本2012中，这种全局调整和局部调整互相关联的操作方式其实还是很容易掌握的。

　　单独的渐变滤镜一旦固定之后无法改变中间点，这时候你可能想要以渐变滤镜的方式实现更复杂的色调变化。图3.52展示的是，在第一个渐变滤镜基础上，在照片上部再添加第二个曝光度为-0.50的渐变滤镜，此时照片的下部相当于添加了一个+0.25曝光度的渐变滤镜。通过混合多重渐变滤镜，可以实现单个渐变滤镜无法实现的复杂渐变效果。另外，需要注意的是，启用一个渐变滤镜的时候，渐变滤镜的范围总是大于照片的。这是这一工具的局限之处。要开启新的渐变滤镜，单击蒙版栏目里的"新建"按钮即可。

◀ 在拾色器中调整颜色

图3.53　彩色渐变滤镜的应用与调整

◀ 选取并存储一个预设颜色

注释： 可以在为彩色渐变滤镜选取颜色的同时配合添加一个减曝光度的调整。而无需两个单独的渐变滤镜蒙版设置。

▲ 应用一个彩色渐变滤镜

　　可以通过渐变滤镜工具调整照片颜色。单击"颜色"右侧的矩形图标调用 Lightroom 的拾色器。在拾色器的色谱中，选取的颜色对应一定的色相和饱和度，也可以选取既存的预设颜色。选取一个颜色并存储为预设颜色的方法是用鼠标单击一个预设单位。也可以用拾色器吸管直接到照片中去选取颜色，方法是先在色谱中单击一下，然后按住鼠标左键将吸管拖曳至照片中，在想要取色的地方停住。**图** 3.53 所示为添加一个彩色渐变滤镜，并选取或存储一个预设颜色的步骤。

　　彩色渐变滤镜在某个方面也有一个局限：对于照片中溢出的白色或黑色区域，无法混合进任何颜色。只有在颜色能够混合的色调或颜色的区域，彩色渐变滤镜才能发挥效用。所以，虽然彩色渐变滤镜可以改变照片色调，但是颜色的混合并不能产生填充的效果。如果想要为照片中曝光过度的天空区域添加一点颜色，首先得通过适当的色调渐变滤镜来压暗天空，再为天空部分添加一些色调才行。

　　在一个渐变滤镜中尽可能应用多种控制通道调整是推荐做法。打个比方，相对于应用两个单独的渐变滤镜，每个滤镜负责一个控制通道的情况，在一个渐变滤镜中同时添加色调和颜色调整是更有效率的（至少比较不容易让 Lightroom 出现崩溃的情况）。尤其是当应用了多个渐变滤镜，并且混合有多个调整画笔做修正

小贴士： 渐变滤镜是没办法局部"擦除"的。不过你可以从渐变滤镜面板转到调整画笔面板，然后按反向调整的方式画出区域，以此来擦除不想要的那部分受渐变滤镜影响的区域。这样做会比调整渐变蒙版的中点和渐变区域有用些。也可以擦除一部分蒙版，不过，那算是一种"对新功能的要求"了，即便可能也是以后的事了。

图3.54　激活的和未激活的图钉标记表示是否可以编辑渐变区域定位或调整渐变参数

▲ 激活的图钉标记　▲ 未激活的图钉标记

注释： Lightroom 和 Camera Raw 彼此不共享局部校正预设，不过在每个软件内，渐变滤镜和调整画笔之间的局部校正预设是共享的。因此，可以在渐变滤镜中存储一个自定义预设，而同样的预设也可以在调整画笔中使用，反之亦然。

的情况，这一原则真的发挥作用。因此，只要是渐变区域的位置设定和范围设定都允许的情况，就要尽可能在一个渐变滤镜中完成更多的调整任务。

一旦渐变滤镜应用生效，照片中渐变滤镜中央的图钉标记状态会指示该渐变滤镜是否被激活，即该渐变滤镜是否可被编辑或参数是否可被调整。图钉标记的激活和未激活两种状态如**图**3.54 所示。

2. Camera Raw 中的渐变滤镜工具

Lightroom 和 Camera Raw 的主要区别是用户界面的区别，而两者的操控方式是接近的。在 Camera Raw 中，各种控制参数是没有设置预设值的。取而代之的是，Camera Raw 提供了一些快捷按钮，一按就可以激活某种特定的调整，同时清除其他参数。Camera Raw 的渐变滤镜也有一个弹出菜单，用于存储或选择已存的自定义预设。**图**3.55 所示为主渐变滤镜调整面板，以及弹出菜单和"新建局部校正设置"对话框。

如果选择了"新建局部校正设置"选项，会出现一个对话框，可以输入一个自定义预设名称。预设项会保存下所有当前被激活的参数，之后预设项会被

图3.55 Camera Raw 的渐变滤镜面板及弹出菜单

◀ "拾色器"对话框

▼ 添加一个新的颜色预设

图3.56　Camera Raw中的拾色器

添加到弹出菜单中。

　　Camera Raw中的拾色器（和Lightroom比）有点不一样，不过它的功能和Lightroom的拾色器一样，除了不能直接从照片中选取颜色外（我希望这一点可以改进）。单击颜色项的小矩形图标，会弹出如**图3.56**中所示的"拾色器"对话框。另外，将新颜色添加进入颜色预设的方式也有点不一样。这里不是按住鼠标了，而是Option键+单击（Mac系统）或Alt键+单击（Windows系统）。

3. Lightroom中的调整画笔工具

　　Lightroom中的调整画笔工具的操控设置和渐变滤镜是一样的。渐变滤镜是基于一个渐变的蒙版实现的，而调整画笔则是基于一个笔触型的蒙版实现的。画笔的笔触尺寸、羽化范围以及笔触流畅度、整体密度都是可以调整的。按住Option键（Mac系统）或Alt键（Windows系统），画笔将变为擦除工具，可以去除或减少画笔绘制的区域。擦除工具也有其自己的、独特的功能设置，其尺寸大小、羽化范围以及流畅度都是可以调整的，唯独没有密度选项。Lightroom提供两个画笔的选项——画笔A和画笔B——可以瞬间在两个不同的画笔设置间转换。打个比方，你可以将一个画笔设置成大尺寸的、普通羽化效果的以及低流畅度的，而另一个画笔设置成较小尺寸的、强羽化效果及高流畅度的。

　　和渐变滤镜一样，你可以在启动画笔的同时不设置任何调整项目。我觉得这种方式比较难以操作，不如在设置一些调整项目后再启动画笔，这样有助于从视觉上观测到调整后的效果。

　　使用调整画笔工具的关键在于理解全局调整及其对应的局部调整之间的关系。有人往往始终都无法找到正确的应对照片特点的全局调整的混合方式。我见过许多人都专注于全局调整中的色调和颜色的平衡关系，但其实他们都是在浪费时间，最终也不会调出满意效果。更好的办法就是使用全局调整来获得照

> **小贴士：** 理想情况下，应该用尽量小的数值的单独蒙版，以及以多重蒙版的方式来实现最佳效果。不过这并不绝对，应该视具体的照片情况以及你的想法而定。

> **注释：** 调整画笔工具和渐变滤镜工具的下拉菜单基本上是一样的，如图3.50所示。

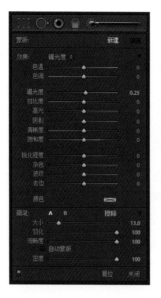
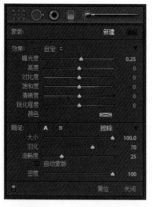

图3.57 Lightroom中的调整
画笔面板

▲ 处理版本2010（及更早版本）的调
整画笔面板

◀ 处理版本2012的调整画笔面板

片整体的效果，然后诉诸于局部控制，尤其是应用调整画笔工具，精调局部区域，以调出最终的完美效果。这绝对是真理，尤其是对于一些诸如清晰度、锐度、减少杂色的项目调整，这些项目在决定一张照片的品质方面扮演着主要角色。**图3.57** 所示为Lightroom中的调整画笔工具面板在处理版本2012及处理版本2010或更早版本中的界面。

在Lightroom中和在Camera Raw中应用调整工具的方式基本上是一样的。设置参数，然后用画笔绘出蒙版——不是在画参数，画的是蒙版，通过蒙版参数发挥调整作用。需要调整设置的参数如下。

■ **大小**这项控制着画笔在照片上笔触的范围。画笔笔触大小与照片尺寸或像素并不关联，它是一个可以设定为任意大小的数值。画笔的物理尺寸与屏幕显示照片的缩放比例也无关。也就是说，无论照片的显示比例是1:1还是满屏显示，画笔的大小都不会随之改变。记住这一点很重要，因为你往往需要放大照片显示比例去做细节处理。画笔会保持同样的大小，因此你可以尽管放大照片显示比例，画笔绘制可以更精确。按键盘上的右中括号键（] ）是放大画笔尺寸，按左中括号键（ [）是缩小画笔尺寸。

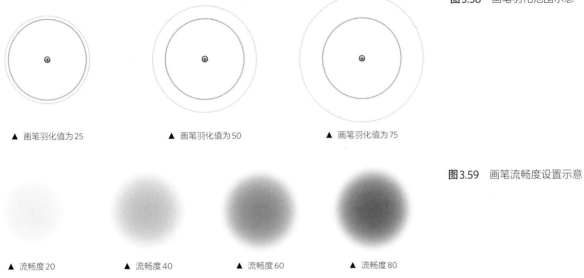

图3.58　画笔羽化范围示意

▲ 画笔羽化值为25　　　　▲ 画笔羽化值为50　　　　▲ 画笔羽化值为75

图3.59　画笔流畅度设置示意

▲ 流畅度20　　　　▲ 流畅度40　　　　▲ 流畅度60　　　　▲ 流畅度80

■ **羽化**控制的是画笔的软硬程度。我几乎从来不会把画笔的羽化值设置为0，因为那样的硬度就意味着蒙版效果的失败以及糟糕的蒙版边缘。我经常把羽化值设置得很大，这样可以软化描绘笔触的边际——其实相当于另外一种渐变效果。别忘了，你是可以把照片缩小的，因此你可以使用大尺寸的画笔配以温和的渐变效果。按住Shift键再按左中括号键（ [）可以减小羽化范围，而按住Shift键再按右中括号键（] ）可以放大羽化范围。**图3.58**所示为不同级别画笔硬度的示范效果。

■ **流畅度**是控制每笔笔触实际发生的效果强度的。通常而言，明智的做法是从较低的流畅度设置开始尝试，而不是采用较高的设置，那样会对调整结果产生淹没性的效果。你得逐步调试以达到最佳流畅度和力度效果。我倾向于使用较轻的调整参数设置和较低的流畅度级别慢慢靠近最佳值。的确可以随时调高或调低调整参数，只不过当需要修改，使用擦除工具擦除原有蒙版的时候，就比较麻烦了。可以通过键入数值的方式设置流畅度值，然后以10为单位递进。单击数值就可以快捷设置流畅度值了。**图3.59**所示为不同等级的流畅度效果对比。

■ **密度**是指笔触中不透明度的最大值数值。虽然密度和流畅度都影响所绘

图 3.60　密度和流畅度

▲ 流畅度设置为 50，密度设置为 100 时两条　　　　▲ 流畅度设置为 100，密度设置为 50 时两条
笔迹重合部分的效果　　　　　　　　　　　　　　　笔迹重合部分的效果

图 3.61　画笔笔触以及蒙版

▲ 画笔笔触的普通状态　　　　　　　　　　　　　　▲ 蒙版叠加显示开启后的状态

小贴士： 我发现选
用较大的、软的画笔绘
制蒙版比较容易，而需
要擦除的时候，选用较
小的、锐的擦除工具可
以控制得比较精确。

蒙版的不透明度，但是它们的影响方式不同。**图 3.60** 显示了二者的不同之处。半格的流畅度设置配以满格的密度设置的结果是，笔迹重合的部分会显示出叠加的效果。而半格的密度设置的效果则是笔迹的密度最大值被限定在 50。在使用的过程中，如果想要实现叠加的效果，应该设置较高的密度值以及较低的流畅度值。而若想要绘制过的蒙版区域保持某个特定的不透明度，流畅度的设置比密度的设置更重要。

在绘制蒙版之后，蒙版会留下一个图钉标记。这图钉标记显示该蒙版是否处于激活状态。在照片下方的工具栏里，可以在"显示编辑标记"菜单中选择图钉标记的显示状态和方式。当不好判定照片中某一部分是否已叠加过蒙版的时候，可以让鼠标指针悬浮在图钉标记的位置，照片中已经叠加过蒙版的区域就会显示出来了。也可以单击工具栏中"显示选定的蒙版叠加"，或是按 O 键开启蒙版显示或关闭。按 Shift+O 组合键，则转换蒙版显示颜色。蒙版显示颜色可以是红色、绿色、白色以及黑色。**图 3.61** 显示了画笔笔迹的普通状态和蒙版叠加显示开启后的状态。

绘制完一个蒙版后，可以按住 Option 键（Mac 系统）或 Alt 键（Windows 系统）使之转换为擦除工具，擦除或"取消"一部分蒙版区域。当你应用擦除工具的时候，画笔光标的中心位置会从"+"标志变为"–"标志。**图 3.62** 所

▲ 擦除一部分蒙版

▲ 擦除过后选定蒙版叠加显示开启效果

图3.62　擦除蒙版的一部分

▲ 叠加蒙版之前的照片

▲ 开启自动蒙版选项绘制的蒙版

图3.63　自动蒙版功能应用

示为用擦除工具擦除一部分蒙版时候的效果。

　　如果在工具面板中选择开启"自动蒙版"选项，当蒙版绘制开始的时候，蒙版是基于照片中的颜色和色调分布而生成的。因此当你在某个区域里绘制蒙版的时候，蒙版会自动适应照片中物体的形状。如此操作的关键点在于保持画笔光标中心位置的轨迹始终处于所绘制的区域边界内。如果不小心绘制轨迹超出了边界，那么额外的颜色或色调会被添加进蒙版。当使用擦除工具的时候，自动蒙版功能也发挥作用，因此如果在绘制蒙版的时候不小心越界了，可以使用擦除工具擦掉越界的部分。在自动蒙版选项开启的情况下，擦除工具的快捷键依然是按住Option键（Mac系统）或Alt键（Windows系统）。**图**3.63所示为使用自动蒙版工具绘制帝企鹅头部橘色部分蒙版。

　　只要做到控制好画笔中心，在绘制蒙版的过程中不出预想范围的边界，自动蒙版功能是很好用的。如果碰巧画笔笔迹延伸到某个特定的颜色或色调范围以外了，那么蒙版范围也会延伸并同时考虑不同的颜色或色调。如果上述情况发生，可以开启自动蒙版功能去除多余部分的色调或颜色。**图**3.64所示为绘制蒙版过程中出现出界情况并用擦除工具擦掉多余部分的

图3.64　开启自动蒙版功能擦除示例

▲ 绘制蒙版的过程中有出界现象　　　　▲ 开启自动蒙版选项擦除多余的部分

小贴士：开启自动蒙版功能的时候，没必要沿着边界绘制出一条线来，可以只是在想要绘制蒙版的区域内随意单击鼠标。只要确保光标中心始终在正确的色调和颜色范围内就行，可以使用较大尺寸的画笔，配以较强的流畅度设置，之后设置的力度可以适当减轻。

蒙版示例。

自动蒙版功能貌似在一些用户中的名声不怎么好，这是因为有些人的使用方法并不符合这一功能最初的设计用途。如果对这一功能的使用方法和基本原理有所领会，那么自动蒙版功能是非常实用的。这一功能最初的设计是基于在Photoshop中擦除背景抠图的应用，比如设定一定的误差值或各种约束，自动蒙版功能（正确使用的情况下）可用于一些微妙或小幅度的色调及颜色调整。对于真正大幅度调整的情况，蒙版边缘的精确度恐怕就难以应付了，会产生显而易见的不自然的边界。

我经常使用自动蒙版功能但并非用于绘制蒙版，而是用于擦除蒙版多余的部分。其消减的功能往往比其绘制的功能更好用。

4. Camera Raw中的调整画笔工具

Lightroom和Camera Raw中的调整画笔工具的区别极小。Camera Raw中的调整画笔工具的按键、功能和参数和Lightroom中都是一样的，只是没有预设。Camera Raw中的调整画笔工具面板及其弹出菜单如**图**3.65所示。

Camera Raw中的调整画笔工有一个小小的优点。当你在Camera Raw中想要查看蒙版的时候（键盘快捷键Y），可以让叠加的蒙版显示色谱中任意一种颜色，而不是像Lightroom中的那样仅被限定为4种颜色。另外还有一个我认为是非常好的地方：可以控制蒙版预览显示的是照片受影响的区域，还是未受影响的区域。**图**3.66所示为Camera Raw蒙版的拾色器以及可选的蒙版显示方式。

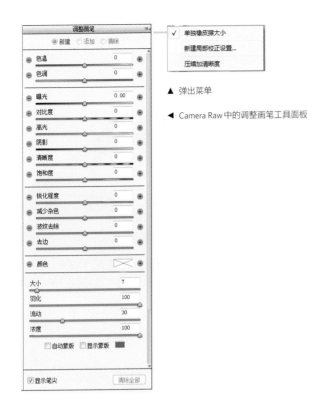

▲ Camera Raw 中的调整画笔工具面板

▲ 弹出菜单

图3.65 Camera Raw中的调整
画笔工具及其菜单

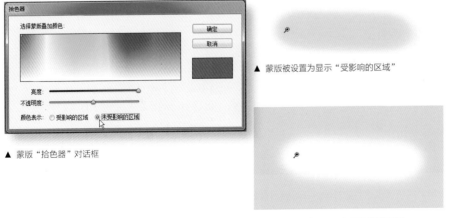

▲ 蒙版"拾色器"对话框

▲ 蒙版被设置为显示"受影响的区域"

▲ 蒙版被设置为显示"未受影响的区域"

图3.66 蒙版拾色器及其显示
选项

这张照片拍的是通过南极半岛的拉美尔水道的时候，在轮船上看到的景色。拍摄这张照片使用了一台佳能 EOS-1Ds MII 相机，配一支24-70mm f/2.8 镜头，感光度设置为 ISO 400。

■ 第4章

使用 Lightroom 或 Camera Raw 处理 RAW 格式文件的高级技巧

　　之前的章节讲的是两种软件中每种调整和工具的单独使用方式。在本章中，我们来讲一讲如何搭配使用 Lightroom 或 Camera Raw 中不同种类的影像调整工具，以实现最优化的"大师级数字底片处理"。本章中出现的几张调整完毕的照片即是这种 RAW 格式文件处理的结果。我使用 Photoshop 的时候，只是用来修改尺寸、输出锐化以及创建用于印刷的 CMYK 分色文件。(抱歉，Photoshop 老兄，我只需要你做那些最烦琐的工作。)这些照片中，有些照片比其他照片需要投入更多的精力来处理，有些照片的原始拍摄实在有点，呃，在曝光方面和拍摄条件方面不太理想。但是这就是为什么我在这里絮叨的原因——朽木并非不可雕，朽木也可变成宝。

　　当然，我知道，如果摄影师能够很好地掌控相机，取景、构图、曝光都完美，拍出的色调颜色都适当，那当然很理想。可是有时候——其实我也经常被自己吓到，因为我拍的照片，直接从相机导出的 RAW 格式文件也常常不太理想。接下来的一些例子会做出示范，告诉你如何修正一些照片中常出现的典型问题，无论这些问题是由于拍摄条件所限，还是摄影技术不足。我从没说过我自己是完美的，不过在修补问题方面，我还是相当在行的。

4.1　色调分布

　　在拍摄条件不够理想的情况下，我们能做的就是确保先把照片拍下来，然后把问题留给后期处理去解决。本小节中所用的照片通常都是光照条件欠佳情况下拍摄的结果，而且我还故意在这些照片中添加了一些"错误"。这些解决方案是靠调整色调分布来完成的，而色调分布的调整则是通过调整感光元件捕捉信息的方式来实现的。

4.1.1　平光照片

　　示例中所用的这张照片，是在一架塞斯纳172型4座固定翼飞机中隔着玻璃俯瞰华盛顿州东南部的帕卢斯地区时拍下的。拍摄使用了一台飞思645DF相机搭载一个P65+数码后背以及一支75－150mm镜头。是的，在我百分百确定这台价值45000美元的相机已经牢牢地挂在了我的脖子上后，我把它对准了小型飞机的窗外。因为这张照片被选作了本书的封面，我觉得把它作为本章的第一个范例很合适，它包含了两个问题：平光的光照效果以及在飞机上拍摄受到的诸多限制。

　　如**图4.1**所示，调整之前的直方图中，照片的曝光正常，色阶变化缓和，右侧没有溢出。首先要做的调整是调整白平衡，提高对比度，调整白色色阶滑块和黑色色阶滑块。这些调整工作修改了全局范围的色调曲线，增加了大量的对比度，不过保留了1/4和3/4位置色调分布不对称的优势。单独调整对比度不会让照片的阴影区域沉下去这么多，而调低阴影滑块又太温和了——这时候就需要对黑色色阶进行调整，压暗深色色调。

　　在"偏好"调整栏目里，我的调整着实有点下手重了。我调整过清晰度和鲜艳度，还增加了一点饱和度。大幅度地调整清晰度成为影响色调分布的一个主要因素，本质上减少了平光的光照效果，加强了中间色调的对比度。

　　我必须解决的另一个问题就是照片的锐度。在拍摄前的准备阶段，考虑到在拍摄时自动对焦如果不准的话就比较麻烦，为了免于这种烦扰，我把镜头调到无限远并用胶布粘住。另外，我把光圈值设定在f/4.5（只是比光圈全开小一点），快门速度设置为1/500秒，希望这样的设置可以在飞机机窗向外拍摄时能够不受飞机震动的影响，拍到静止的画面。条件有限，如果快门速度能有

注释： 别太关注示例中我调整照片所设置的那些数值。照片调整是需要具体问题具体分析的——我在这张照片中设置的数值不会对你的那张照片有用。请多关注于我设置这些数值的思路和原因，而不是具体的数字。我把这些数据呈现出来只是提供一种记录的数据而已。

◀ 调整之前的直方图

◀ 调整之后的直方图

▲ 调整之前的照片：白平衡色温 4800K，色调 −17

▲ 调整之后的照片：白平衡色温 5667K，色调 − 7，对比度 +18，白色色阶 +29，黑色色阶 −36，清晰度 +60，鲜艳度 +49，饱和度 +9

图4.1 示例照片以及调整前后的直方图

1/1000秒就更好了，即便如此我也已经把ISO值设置从100换成200了。这次拍摄我没有使用这支镜头75mm端的焦距，这张照片使用的是150mm端的焦距，相机震动产生的模糊在照片被放大到1:1显示的时候已经可见。**图4.2** 所示为调整之前照片的默认色调、颜色和锐度，以及在细节面板上进行调整后的效果。

可以看到，调整之前的照片是比较平而且缺乏细节的。色调分布的调整明

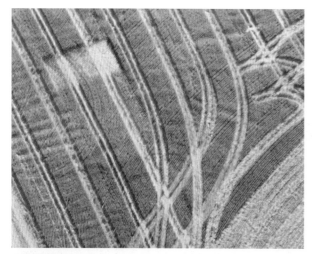

▲ 调整前的照片

图 4.2 显示比例 1:1 情况下，调整前后对比

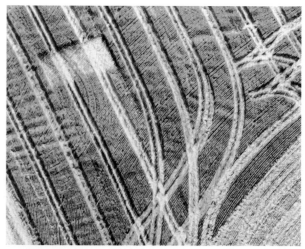

▲ 调整后的照片：锐化数量 47，半径 0.8，细节 100，蒙版 +20，减少杂色明亮度 +30

显地让照片锐化了，不过在细节面板中我的调整幅度是相当大胆的。细节滑块被设置到 100 以最大化锐化效果。另外我也调整了明亮度减少杂色项目，这一定程度地抑制了大幅度的细节滑块调整。我认为照片的调整最终结果在 1:1 比例显示下细节并不是多好（仍然偏软，并且局部缺乏质感），不过这张照片的最终输出为 6722 像素 × 8714 像素。可以满足输出为一张 300PPI 的 22.5 英寸 × 29 英寸（1 英寸 =2.54 厘米）的照片（其实在这样的输出尺寸上还是可以发现细节效果不够好）。在第 5 章中，我将会在一个示例中介绍一种叫作渐进锐化的锐化方法，使用那种方法可使这张照片呈现出更多的质感。

4.1.2 高对比度照片

如果在午间的强光下拍摄，而拍摄对象却在一个山洞里，那么这样的光照条件糟糕透了。下面这个例子展示了对这种情况下拍出的照片如何调整。

这张照片是在科罗拉多州西南部的美国梅萨维德国家公园的悬崖宫拍摄的，拍摄使用了一台佳能 EOS Rebel 数码单反相机及一支 18 - 55mm 套装镜头。拍摄时间为午后。由于我当时正骑摩托车进行公路旅行，计划是当天晚上到达科罗拉多州的甘尼森县住宿的，而彼时还有 4 个小时的路程没走，因此我没法在那儿原地等待，而光线变暗一些的话会更容易拍摄。**图 4.3** 所示为调整之前的

图4.3　调整之前的悬崖宫照片

◀ 调整之前的照片

▼ 默认直方图

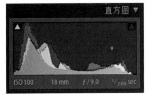

原始照片。

　　这张照片在曝光方面是我能尽力实现的最好的情况了，没有任何溢出现象。在直方图中可以看到，在1/4和3/4位置的色阶非常丰富，而在中间部位却不是很多。照片中，阳光照得到的地方非常的亮，而悬崖形成的阴影部分则相当暗。这张照片初级的全局调整是在基本面板里完成的。我调整过白平衡，不过我所做的最基本的色调分布调整是在色调项目中完成的。我提高曝光度并降低了对比度，使照片整体鲜亮起来且使高光比的反差效果变小。我调低了高光并提亮了阴影。所有这些调整修改了色调曲线的形状，不过照片仍需要一些额外的调整。我调高了白色色阶，微调了顶光白色部分的细节，并且降低了黑色色阶，在提亮了阴影和全局曝光后，压黑了最暗的区域。清晰度也调得相当高，鲜艳度也调高了一些。提高饱和度后的蓝色效果看起来不怎么好，于是我在HSL/颜色/黑白面板中将浅绿色设置为－3，将蓝色设置为－15。我把照片放大到1∶1比例显示，并在细节面板中调整了一些设置，不过无需调得多么夸张。另外，我在镜头校正面板中应用了针对这支EF-S 18－55mm镜头的校正调整，消除了照片的桶形畸变和色差。照片全局调整的结果如**图4.4**所示。

图4.4 全局调整之后的照片

▲ 基本面板调整：曝光度 +0.20，对比度 -24，高光 -100，阴影 +71，白色色阶 +41，黑色色阶 -41，清晰度 +84，鲜艳度 +41

图4.5 在调整画笔工具中，高光和阴影区域的蒙版设置

▲ 高光区域的蒙版调整：曝光度 -0.60，高光 -39

▲ 阴影区域的蒙版调整：曝光度 -0.42，对比度 -74，高光 +13，阴影 +34，清晰度 +86

　　与调整之前的照片对比一下，可以看到这张照片全局的色调分布已经被提升过了，高光降下来一些而阴影部分提亮了一些。不过局部区域仍需要进一步的调整处理。我在照片左侧1/3的位置添加了一个轻度的渐变滤镜，调低了一些曝光度和高光。轻微压暗了照片的左边。不过剩下的调整工作就得交给调整画笔工具了。调整目标是压暗照片中仍然稍亮一些的区域，尤其是沿着小路一带，然后还得调整悬崖正面的色调和颜色。**图4.5** 显示了两个主要调整画笔工

图4.6　进一步调整画笔蒙版

▲ 小路上最亮部分的调整：高光 -44

▲ 悬崖下区域的调整：曝光度 -0.52，对比度 -25，高光 -20，对比度 -20

具的图钉标记位置，蒙版设置为可见显示。

设置高光区域的蒙版的时候开启了自动蒙版功能，使得蒙版分布范围包括悬崖边和小路。有些区域的蒙版绘制并未开启自动蒙版功能。另外我还添加了轻微的灰褐色，其色相值为27，饱和度为30。调整结果请见照片中阴影区域。在阴影区域中，我在调整画笔工具中沿着悬崖边缘绘制蒙版的时候开启了自动蒙版功能，不过在中央位置的时候关掉了自动蒙版功能。巧的是，有些地方太亮了，于是我把曝光度做了负向的设置，并且调低了对比度。高光和阴影都被调高了一点，而清晰度被调高了很多。为什么这样调整数值？我真不是按照数值来调的——我更愿意看着屏幕，凭肉眼判断来做出调整，以实现我想要的效果。

在调整到较高饱和度的情况下，我又增加了一个较暗的颜色色调调整。色相值设置为39，饱和度为70。单独的高光区域调整无法满足要求，悬崖下的区域需要进一步的调整。**图4.7**所示为进一步调整中的两个蒙版区域的设置。

小路上最亮的部分看起来显得有点太"白"了，于是我使用自动蒙版功能又添加了一个额外的蒙版，进一步调低了高光，并且添加了一点强化的颜色，其色相值为29，饱和度为37。这样一来，小路看上去多了一分岩石颜色的效果，而不是砂砾般的效果。对于悬崖下方，我想要压暗这部分区域，并且降低岩石颜色的饱和度。我设置了负值的曝光度，同时调低了对比度、高光和饱和度。从最高处的图钉标记往下数第二个图钉标记，是一个额外添加饱和度用的蒙版；照片最左侧的最后一个图钉标记是用来压暗树丛区域的。**图4.7**所示为照片的最终调整结果及其直方图。注意看，直方图中原来欠丰富的中间调位置现在已经被修复了，而且直方图的峰值位置也变圆了。

小贴士： 曝光度调整是针对全局亮度的调整（或多或少），高光和阴影的调整则会改变对比度，而清晰度的调整则是中间调对比度的调整。当调整一个参数的时候，会发现往往会有另一个参数被牵连。

图 4.7　悬崖宫照片的最终处理结果

▲ 照片最终效果

◀ 直方图最终状态

4.1.3　天空曝光过度的照片

　　当你到了一个遥远又充满异域风情的地方，而碰巧遇到的是大阴天，你心怀不平却仍旧要继续拍摄——也许你能发现一些"有意思"的东西（虽然我不指望从那地方能收获到什么）。本小节的这张示例照片拍的是位于苏格兰高地希尔湖畔的格伦芬南纪念碑。这座纪念碑始建于1815年，是为了纪念查理·爱德华·斯图尔特（"小王子查理"，也被称为"年轻的伪装者"）于1745年起兵对抗英格兰入侵而建。我是否曾提到过，照片中的这种天气是苏格兰最常见的天气，广袤的天空一拍就曝光过度？**图** 4.8 所示为原始照片及其直方图，直方图显示出照片中天空部位的色阶大量溢出。

图 4.8　曝光过度的苏格兰的
天空及其照片直方图

◀ 调整之前的照片：白平衡色温
5000K，色调 -2

▼ 默认直方图

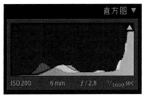

　　我把白平衡设成原照设置并降低了一点色温。我调低了全局曝光度，不过
没动对比度。同时调低了高光并调高了阴影的设置，而白色色阶或黑色色阶两
项都没动。然后我调高了清晰度和鲜艳度。（你看出来这种调整趋势了没？）
剩下的主要调整就是打开镜头校正面板应用，针对佳能 Powershot S90 的镜头
配置文件做校正处理，自动删除色差功能开启。我在 HSL 面板中调整了饱和度，
其中黄色 +12，绿色 +19。锐化处理则适当进行，数量设置为 50，添加了一个
+17 的明亮度减少杂色设置，其余的项目则全部是默认设置。全局调整起的作
用有限，之后我使用了渐变滤镜工具做了进一步的精细调整，如**图 4.9** 所示。

　　对于这张照片而言，全局调整不足以把天空区域的细节拉回来，直方图也
显示该区域仍有溢出现象。我使用渐变滤镜工具来压暗天空部分，让隐藏着的
细节信息显露出来。渐变区域设置负值的曝光度和负值的高光，同时适度提高
清晰度和饱和度。另外还有一项额外的调整：我调高了减少杂色设置，去除由
于渐变滤镜设置而显露出来的一些噪点。只要可能，我喜欢在一个渐变滤镜里
设置多项调整参数，而不是设置一堆单独项目的局部调整。最终调整结果如**图
4.10** 所示，此时的直方图显示没有溢出现象，在查理的纪念碑上方，分布着一
大片迷人的云海——这可以作为一个有力的例证，证明曝光过度的天空可以释
放出多少细节来。

▲ 全局调整之后的照片：白平衡色温 4778K，曝光度 − 0.90，高光 − 67，阴影 +58，清晰度 +27，鲜艳度 +40

▲ 渐变滤镜工具应用后的照片：曝光度 − 1.27，高光 − 76，清晰度 +20，饱和度 +20，去除杂色 +20

图4.9 全局调整后的照片以及渐变滤镜工具调整

◀ 最终调整结果直方图　　　　▼ 照片的最终调整结果

图4.10 照片的最终调整结果，其直方图显示天空区域没有溢出现象

4.1.4　恶劣天气的照片

当你在飞机场等了24个小时，然后又在波涛汹涌的大海上航行了两天半，穿过德雷克海峡抵达南极洲的时候，你不会让哪怕一点的恶劣天气因素来阻止你拍摄的（只管让照相机扫射就是了）。上述就是本小节示例照片拍摄时候的情况。我不敢百分百地确定我们当时在哪儿，不过我觉得我们当时在经历了一段沿海岸的巡航之后，离斯科舍海的南乔治亚岛上的奥拉夫王子港不远了，就在南极半岛北侧一点的位置。我们当时是在去往格瑞特威肯的路上，探险家欧内斯特·沙克尔顿就埋在那儿。

沿海岸巡航的时候情况相当惨，我都湿透了。我丢了一个镜头，由于甲板上的雨水，一台相机的LCD也坏了，不过我还是回到甲板上坚持拍摄，到处都是雨水，而且天气雾蒙蒙的。这种情况下，只能是要么拍摄要么去睡觉了（或者去酒吧逛一会儿），我当时选择继续拍摄。我们看见远方出现了一座"蓝冰"冰山，我用一支400mm镜头拍摄它，即便当时光线已非常昏暗。**图4.11**所示即为这张照片及其直方图在调整之前的状况。

我猜当时我可能是按照"向右侧曝光"的原则拍摄的这张照片，不过事后看拍摄结果便知，这么做其实是没必要的，因为这张照片的色阶很短，拍摄时很容易就能将所有信息捕获。对这张照片主要的全局调整是在基本面板中完成

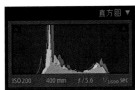

▲ 默认直方图

◀ 调整之前的照片

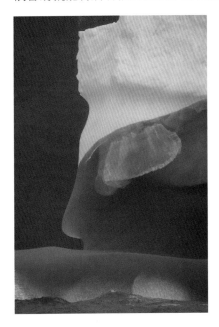

图4.11　恶劣天气中的冰山照片及其默认状态的直方图

注释： 蓝冰是雪下在冰川上之后，经挤压变成冰川的一部分后而产生的，蓝冰要经历漫长的过程才能变成水。在蓝冰形成的过程中，被困在冰体中的气泡被挤压出去，而冰晶的体积逐渐增大，而且变得透明。蓝色的颜色经常被错误地归因于光的散射。而其实，我们看到冰是蓝色的、水是蓝色的真正原因是：水分子吸收了可见光中光谱末端的红色，因而显示出蓝色。没有气泡的更纯的冰，则显示出更蓝的蓝色。

的，我调高了曝光度和对比度。接下来，对高光一项做了负向调整，而对白色色阶则做了正向调整，此举是为了提取出更多的高光区域的质地细节。最大幅度的调整是黑色色阶的负向调整，这是为了展开阴影区域，以获得一个像样的黑色。这样的调整的确把照片的色阶完美地扩充了，不过还需要在参数色调曲线中做一些微调。高光设置为+32，暗色调设置为+38。这样做的效果是提亮了照片中的亮部，同时保留了一些阴影细节，而后者是通过大幅度的黑色色阶负向调整实现的。将清晰度和鲜艳度增添少许。我并未更改原照设置的白平衡色温值6000K，不过将色调设置为+5。

另外，我决定通过使用一个调整画笔工具做一个局部负向曝光度设置，来把冰山旁可见的海岸部分调成消失。全局调整操作和调整画笔蒙版操作如**图4.12**所示。

在这张照片最后的调整步骤，我做了一些污点去除的操作，去除了一些干扰注意力的元素，当然，就是指感光元件上的那些灰尘颗粒（灰尘永远会有——而且是大量存在！）。由于我使用的是一支长焦镜头，因此在照片上几乎看不

图4.12 全局调整之后的照片及局部调整蒙版

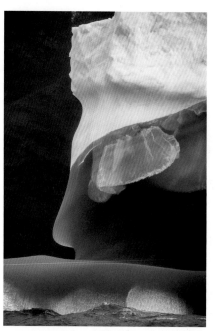

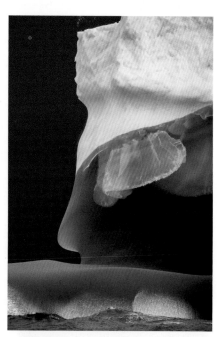

▲ 照片全局调整设置：曝光度 +0.55，对比度 +56，高光 − 64，白色色阶 +13，黑色色阶 − 71，清晰度 +49，鲜艳度 +13

▲ 调整画笔蒙版设置：曝光度 − 0.42

到雨滴，因此我也无需处理雨滴问题。我还设置了减少杂色（+40）、锐化数量（+68），同时设置锐化半径为1.4。拍摄时的快门速度为1/1600秒，而且镜头具有防抖功能，因此照片成像清晰。**图4.13**所示为这张照片的最终调整结果及其最终直方图。查看直方图，你会发现色阶已经重新分布了。甚至于红色通道在阴影区域都有一点溢出现象，不过我觉得这不是问题。对于照片调整，我所努力的方向是照片实际的效果，而非避免溢出。

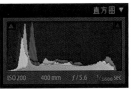

▲ 最终直方图

◀ 照片的最终调整效果

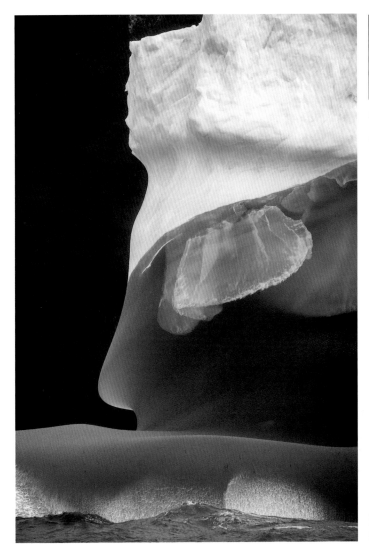

图4.13 冰山照片最终调整效果及其直方图

4.1.5　曝光不足的照片

　　每个人都会犯错的。问题因此演变成，"我们该如何对待犯过的错误？"如果一张照片尚有价值弥补，那么我愿意去做这样的修补。对于现在这张拍摄邻家餐厅小景的示例照片，我认为它值得修补。直方图告诉我们，这张照片曝光不足2挡，因此看上去呆板丑陋。这张照片在调整之前的样子及其可怜的曝光不足状态的直方图如**图4.14**所示。

　　显然，对于这张曝光不足的照片，曝光度需要一个较大幅度调整的设置。我大幅度提高曝光度，并且升高了对比度，因为曝光不足的照片往往反差趋于平坦。另外，我把白平衡设置为原照设置并做了调整。对于一张照片是先调白平衡还是先调曝光，往往没有一定之规，不过针对这张照片，它首先的问题就是太暗了，因此先调白平衡是没什么意义的。而关于色调的调整，就是一个阴影的正向调整设置以打开暗部区域，和一个黑色色阶的正向调整设置。这样做是有必要的，因为对于如此严重的曝光不足问题，深层的阴影区域是被压缩了的，需要延展开来以提取出更多细节。

　　在基本的全局色调调整完成后，我对照片进行了裁剪操作，并应用了针对拍摄使用的佳能 EF 17－40mm 镜头的配置文件进行镜头校正。照片中的横线并不水平，因此有必要去除任何显见的桶形畸变，以及用拉直工具校正照片的水平度。我在HSL面板上提高了绿色和蓝色的饱和度，同时提高了蓝色的明亮度以突出绿色和蓝色，并试图提亮蓝色的罩灯，不过效果有限。**图4.15**所示为

图4.14　曝光不足的照片和默认的直方图

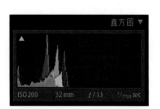

▲ 默认直方图

▲ 调整前的照片：白平衡色温 5200K，色调 +28

图 4.15　照片全局调整结果

▲　全局调整设置：白平衡色温 6900K，色调 +23，曝光度 +2.00，对比度 +96，阴影 +22，黑色色阶 +25

照片的全局调整结果。

　　我为照片上部的砖墙添加了一个渐变滤镜，降低曝光度并提高对比度。另外，我还大幅调高该区域的明亮度，以突出漆面砖墙的细节质感。然后，我在调整画笔工具中开启自动蒙版选项设置了 5 个单独的蒙版选区，进行局部调整校正。在视觉层面最重要的一项调整任务就是要把照片中的蓝色罩灯提亮。我在调整画笔中升高了曝光度、阴影以及饱和度选项。我还应用了减少杂色功能，因为当曝光度被提高时，蓝色中的噪点现象也跟着放大了。这样做有助于突出蓝色，使其与背景中大片的橘黄色形成对比。

　　由于照片的亮度被全局提亮过，因此我想压暗其中一些局部。我在招贴画的树丛部位、啤酒瓶以及牛仔的一部分位置设置了负向的曝光度调整设置。另外我还微调了绿色山坡的阴影部分。蓝色罩灯和树丛位置的压暗蒙版设置如**图 4.16** 所示。

　　在**图 4.16** 中，可以看到 3 个附加的调整画笔图钉标记。最左侧的一个是颜色色调调整蒙版，用以对招贴画上方长条的蓝色区域添加额外的蓝色色调。啤酒瓶上的蒙版在高光项目上做了 +34 的调整设置，用以提亮啤酒瓶反光的部分。啤酒瓶右侧的山坡高光区域的蒙版则设置了 +0.80 的曝光度调整。开启自动蒙版功能的蒙版绘制调整是比较轻微的，而调整画笔的流畅度设置得很低，因此调整结果变化也比较细微。

图4.16　两个主要的调整画笔蒙版设置

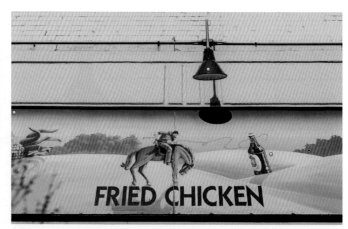

▲ 蓝色罩灯蒙版：曝光度 +0.80，阴影 +53，饱和度 +34，减少杂色 +53

▲ 招贴画中树丛部分的蒙版：曝光度 − 0.90

图4.17　照片的最终调整结果

▶ 照片调整最终效果

▼ 最终直方图

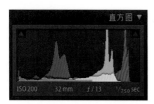

　　关于这张照片调整的最后步骤，我考虑裁剪的时候是否沿着招贴画底部暗色粗条的位置裁剪，以去除粗条下面的橘黄色窄条。最终，我决定保留橘黄色窄条。如果没有这细细的一条橘黄色，整张照片看起来会显得太沉重了。如果你想要自己看看效果区别，可以找一张白纸盖住照片底部的橘黄色窄条，看看你是否认同我的看法。**图4.17** 所示为这张照片的最终调整效果及其色阶重新分布的直方图。

4.1.6　主体逆光拍摄的照片

如果拍摄地的光照无法控制摆布，那么你能做的就是先拍下来，看看就此能发挥到什么程度。这个问题就是当我在犹他州摩押市的美国拱门国家公园拍摄时遇到的。当时我正在南窗拱等待日落，我为拍摄这张塔楼拱门照片使用了一台飞思645FD相机及一个P65+数码后背和一支28mm镜头。我打算在透过拱门刚好能看到落日的时候按下快门按钮。原计划是按包围曝光的方式拍摄高动态范围（HDR）照片。不过，经过一系列测试之后，我发现两个问题，天上的云朵移动的速度飞快，而且我无法捕捉到人眼看到的太阳光照效果。于是我放弃拍摄HDR照片的尝试，转而决定拍摄单张照片，顺便看看在处理版本2012中，到底能捕获多少阴影中的细节。结果一看，发现阴影中细节巨量丰富！**图4.18**所示为调整之前的原照片及其直方图。

这张照片的全局曝光存在比较大的问题，于是我将曝光度上调几乎2挡，然后设置了一个高光的负向调整和一个阴影的正向调整，这样一来改变了照片的全局色调分布。然而，我还需要一个大幅度的白色色阶负向调整（用以保存太阳周围的细节）和黑色色阶的正向调整，以进一步打开阴影区域。处理一张照片有点像一种迭代过程。显然，这种大幅度的曝光度调整会对高光区域造成

图4.18　调整之前的塔楼拱门照片及其直方图

◀ 调整之前的照片

▼ 默认直方图

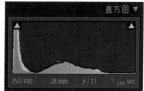

图 4.19 全局色调分布调整
结果

► 基本面板调整：曝光度 +1.80，高
光 − 49，阴影 +69，白色色阶 − 69，
黑色色阶 +16，清晰度 +38，鲜艳度
+18

► 参数曲线调整：高光 − 58，亮色
调 0，暗色调 +31，阴影 − 23

影响，这种调整甚至会挤压最亮部分的色阶。调整的目标其实就是实现多种照
片需求冲突的妥协。另外，我还提高了清晰度和鲜艳度的设置。（我好像每次
都做这一设置？）

　　关于基本面板之外的调整，我在色调曲线面板中应用了参数曲线调整。我将
高光下调，暗色调上调，阴影下调，用来压暗一些过度提亮了的照片中的暗部区
域。图 4.19 所示为照片在全局色调分布调整之后的调整结果。

　　由于拱门正面阴影部分的曝光不足问题严重，因此在提亮阴影区域后，噪
点问题变得明显而且很讨厌。在细节面板中，我把明亮度减少杂色中的数量值
设置得相当大，以期尽可能调出最好的影像细节。图 4.20 所示为显示比例为
2:1 时，默认设置和优化设置的照片局部细节对比。

　　锐化设置如图 4.20 中所示。我设置了较高的半径值以及默认的细节设置，
以避免过度锐化形成噪点。我提高了明亮度设置，减少杂色中的细节滑块的设
置用来避免照片中的细节被当做噪点被处理。所有这些设置的结果在减少噪点
和保留有用细节信息之间达到了最好的平衡。

　　我在照片中添加了 3 个调整画笔蒙版，用以进一步精调色调分布。图 4.21
所示为提亮拱门本身的蒙版设置。这一调整提亮了拱门部分，不过对于较亮区
域的影响大于阴影区域。另外，我又增加了一个局部的清晰度调整，以加强中

▲ 默认细节设置

▲ 优化的细节设置：锐化数量 70，半径 1.2，细节 25，蒙版 0，减少杂色明亮度 50，细节 100，颜色 50

图 4.20　在 2:1 的比例显示下，默认和优化后的细节面板设置效果对比

▲ 调整画笔设置：曝光度 +1.18，对比度 +36，阴影 +18，清晰度 +51，饱和度 +29

图 4.21　拱门正面的调整画笔蒙版设置

注释： 其实我是直到写作本书使用这张照片的时候才发现，照片的阴影中有一个人在爬那拱门。我特地将有这个人的局部放在书中，可以用作估计拱门大小的参照比例，不过如果是我自己的用途（非本书的出版用途），我会在 Photoshop 中把这人去掉。这张照片没必要包含这一信息，他反而会干扰注意力——我其实只是不喜欢他的那件衣服啦。

间色调的对比度。

　　现在还需要两个较小的局部调整。一个是要提亮太阳周围的区域，因为在全局高光调整中，太阳变得太暗了。另一个是远处的山丘，这一部分之前受到了全局清晰度调整的影响。**图**4.22所示为这两处的蒙版微调。

对于太阳区域，我添加了一个正向的高光调整，以提亮太阳周围的区域，以及一个正向的饱和度调整，以找补回来一些颜色。对于小山丘的部分，我添加了一个负向的清晰度调整，来压制之前的全局清晰度调整（+38），对其施加一点负向清晰度的效果。这两个额外的局部调整结束了这张照片全部的调整工作，最终结果如**图**4.23所示。

图4.22　额外的调整画笔蒙版区域设置

▲　太阳区域的蒙版设置：高光 +18，饱和度 +20　　　　▲　小山丘部分的蒙版设置：清晰度 − 51

图4.23　塔楼拱门照片的最终调整结果及其直方图

▶　照片的最终调整结果

▲　最终直方图

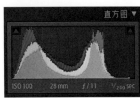

4.2　颜色校正

若想把单独的色调调整从颜色校正的操作中抽离出来，其实很难。而色调分布的调整最终也都会指向颜色，不过并非改变颜色本身，而是改变颜色的色调。接下来要展示的颜色校正示范都是关于改变照片颜色本质的。是的，的确会采取一些色调分布调整的做法，不过更主要的是针对颜色本身做一些细微的或者并不那么细微的更改，而这就是本节所要强调的。

4.2.1　白平衡（全局调整）

拍照的时候，除非你去哪儿都带着一个色温表，然后用色温表精确地测量实际的白平衡值，否则你就得依赖于照相机……而照相机的机载测量有时候会出一点小问题。绝大多数的相机会把拍摄时测得的白平衡信息写入Exif元数据，而Lightroom和Camera Raw会将其合理利用。然而，我的飞思645DF和数码后背表现得就不够好。通常我会把相机后背的白平衡选项设置成标准日光，然后按这样的设置拍摄，心里已经做好准备等拍完之后回去再做调整。是的，如果拍摄前提是需要精确度，那么我会使用爱色丽色卡护照来做调整，这样做从技术层面更准确，也更容易操作，不过在户外拍摄场地这个就受限制了。

这里的照片拍的是一头冰岛马，当然，是在冰岛拍的。我把数码后背设置成自动白平衡了（这是我的疏忽）。当时的光线昏暗，空气中还飘着一些艾雅法拉火山喷发出的火山灰。**图4.24**所示为这张照片在原照设置白平衡下以及在Lightroom中默认日光白平衡下显示效果的对比。

关于日光白平衡预设，我总觉得应该变暖一点才好（日光白平衡就这样，除

▲ 原照设置白平衡 色温 4900K，色调 –17

▲ 日光白平衡 色温 5500K，色调 +10

图4.24　原照设置及日光白平衡设置

图4.25 白平衡和全局色调及
颜色的调整

▲ 白平衡设置：色温6 500K，色调 +17

▲ 全局色调调整：曝光度 +0.40，对比度 +40，高光 − 32，阴影
+10，白色色阶 − 58，黑色色阶 − 9，清晰度 +64，鲜艳度 +45

非你想要的就是一种偏冷的效果）。我把白平衡调整设置在6 500K，并且色调设置
为 +17，如图4.25中所示。白平衡的调整结果看起来不错，不过全局色调分布不
妥，图4.25中的第2张照片即为全局色调调整和颜色校正过后的效果。

　　色调分布调整包括将曝光度和对比度调高一点，高光调低一点，阴影调高
一点，以及白色色阶和黑色色阶调低一点。另外，我还增加了一定剂量的清晰
度和鲜艳度。在HSL面板中，我将黄色的色相设置为 +17，橙色和黄色的饱和
度都设置为 +9。

　　你可能已经注意到了，我将照片水平翻转过了。这么做是因为我真地不喜
欢那匹马向右看，因为我觉得它会把观众的注意力也向右向照片以外引导。如
果同意我的观点你也会这么干吧。（我老婆和我闺女都不同意，不过我才是拥
有最终决定权的人——而且至少，这张照片是我的作品！）

　　这张照片还需要一些进一步的局部调整。我应用了3个渐变滤镜，以压暗
照片的顶部和左侧边缘。顶部的渐变只是设置了一个−0.50的曝光度调整。第
二个渐变滤镜为一个额外的−0.75的曝光度调整。我设置了两个单独的、不同
走向的渐变滤镜。（如果在一个渐变滤镜中能实现两种渐变走向就好了，不过
目前没有这种可编辑的设计。）照片左侧的渐变被设置为一个负向的曝光度调
整以及一个正向的高光调整，以此来压平压暗照片的左侧。

　　由于全局的渐变滤镜设置压暗了马的鬃毛区域，我又应用了一个调整画笔，
来提亮鬃毛的区域。图4.26所示为渐变滤镜设置以及调整画笔蒙版设置。

　　我特别喜欢这张照片的颜色。不过，在本章结束的时候，你会看到我将这
张照片转换成一张黑白照片的过程（参见4.3节）。这张彩色照片的最终调整效
果如图4.27所示。

图4.26　局部色调调整

▲ 渐变滤镜调整

▲ 调整画笔蒙版调整：曝光度 +50，高光 +29

图4.27　冰岛马照片的最终调整结果

4.2.2　白平衡（局部调整）

　　通常情况下，对一张照片进行一次全局白平衡校准就够了，但是有时候也需要适时地做出一些局部的修正调整。局部修正白平衡有若干种方式，我发现最直接有效的方法是使用调整画笔工具。下面这张照片中，一个墨西哥男人牵着他的小毛驴走在圣·米格尔·德·阿兰德 的街上。这张照片在默认白平衡状态下的效果是偏冷的，而我想要暖调一点的效果。**图4.28** 所示为默认白平衡效果以及白平衡调整过后的效果对比。这张照片的拍摄使用了一台松下LUMIX HG2照相机，配一支14-140mm镜头，感光度设置为ISO 400。

　　在默认白平衡设置下，照片中街道的阴影部分看起来是偏冷的。对这张照片进行全局的暖化调整将会使街道也受到影响，而我不喜欢这么做。我设置了两个调整画笔的局部调整，分别是对阴影部分冷化，以及对街道潮湿的有反光的区域提亮。调整冷化了街道地面的颜色，同时我增加了一个"阴影"的正向调整，以提亮该区域。由于我对阴影区域使用了较大幅度的提亮，因此我同时设置了一个正向的减少杂色调整。为了提亮地面潮湿的区域，我又大幅地调整了曝光度，轻微地正向调整了阴影，以及正向地调整了清晰度。**图4.29** 所示为两个调整画笔的蒙版区域设置。

　　局部调整街道阴影部分白平衡的效果比原始设置白平衡下该阴影区域的效果冷一些，但这正是我所要实现的暖/冷光线对比效果。为了实现最终效果，我又增加了一些调整笔刷效果。通过蒙版压暗背景建筑上部的白墙区域，设置了高光的负向调整。另外，我对前景中行走的人也设置了蒙版，做了大幅度的色调调整。同时其减少杂色明亮度设置为+51。我已经在总体上将减少杂色明亮度设置为+38，所以局部调整的区域需要增加一些额外的降噪设置。**图4.30** 所示为最终调整结果。

图4.28 默认的"原照设置"和白平衡调整之后的效果对比

▲ 默认的"原照设置"白平衡：色温 5750K，色调 +7

▲ 白平衡调整之后：色温 7000K，色调 +9

▲ 全局色调调整：曝光 +0.10，高光 −42，阴影 +62，白色色阶 −20，黑色色阶 −20，清晰度 +60，鲜艳度 +40

图4.29 局部白平衡调整——调冷和提亮

▲ 阴影区域蒙版冷化：白平衡色温 − 70，色调 − 11，阴影 +46，减少杂色明亮度 +29

▲ 潮湿区域蒙版提亮：曝光 +2.49，阴影 +20，清晰度 +39

图4.30 牵着小毛驴的墨西哥男人照片的最终效果

注释： 在拉美尔水道拍摄日落的过程中，我的朋友兼同事赛斯·雷斯尼克为这件事发明了一个新短语"major gigage"（指的是这期间拍摄的照片，其文件体积成为整个旅途拍摄总量的主要部分——译者注），因为船上的每个人都拍摄了巨量的照片。

4.2.3　单颜色曲线

　　色调曲线面板中新添加了单独色彩通道的曲线调整功能，用以颜色校准。你可以用这一功能进行交叉曲线校准或创意调整。下面我将展现如何创意性地应用此功能。**图 4.31** 所示的照片是使用一台佳能 EOS 1DS Mark Ⅱ 相机配一支 24-70mm f/2.8 镜头拍摄的。这是在我的第一次南极之旅途中拍摄的照片，当时我们的船正驶入拉美尔水道（这条水道还有一个绰号名叫"柯达峡"，因为这里是一个热门观光点，无数的游客曾在这里消耗过无数柯达胶卷）。我拍摄这张照片的时候正值日落时分，那地方的日落会持续 4 小时之久。

　　我只是从原照设置开始调整白平衡，并提高了全局的曝光度、对比度、高光以及阴影的设置，这是一系列色调分布调整。然后我提高了清晰度和鲜艳度的设置。最后，我添加了一个调整画笔蒙版，用以调整中心区域的岛屿，升高了这一区域的曝光度、对比度以及高光和阴影，以凸显小山部分的影调。强化的清晰度调整的确把细节质感带出来了。**图 4.32** 所示为蒙版区域设置和局部调整结果。

图 4.31　在拉美尔水道所拍摄照片的默认渲染，拍摄时间为中午 12：28，日落前

▲ 默认的原照设置白平衡：色温 6100K，色调 -1

图4.32 调整画笔蒙版设置及全局调整结果

▲ 用来提亮小山区域的调整画笔蒙版设置：曝光度 +0.14，对比度 +13，高光 +25，阴影 +25，清晰度 +60

▲ 局部调整和全局调整设置：白平衡色温 5500K，色调 +10，曝光度 +0.45，对比度 +20，高光 +11，阴影 +16，清晰度 +30，鲜艳度 +20

  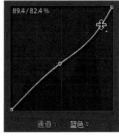 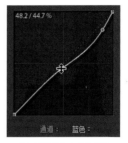

图 4.33 单色通道点曲线调整

▲ 红色通道高光点曲线调整 ▲ 红色通道中间点曲线调整 ▲ 蓝色通道高光点曲线调整 ▲ 蓝色通道中间点曲线调整

为了暖化高光同时冷化阴影区域，我在色调曲线面板的"点曲线"中，进行了单色通道曲线调整。我通过调整曲线对照片进行调整和修复，而不是为了画下一条曲线。**图** 4.33 所示为 4 个点曲线的调整结果。

为了调出我想要的效果，我在红色通道的 1/4 处设置了一个调整点，向上拉起使高光区域偏红。你可以看到曲线图中的输入 / 输出色阶变化。红色通道的中间点不需要改变颜色，需要定住它。因此通过添加一个"停止点"来保证贝塞尔曲线效果，而不产生额外的影响。我在蓝色通道曲线 1/4 处和中间点采取同样的做法。红色和黄色的增加会使得高光部分变暖。注意蓝色通道中间点上半部分，我是用拉低曲线的做法来增加中间色调黄色的。

最终的调整效果接近于我记忆中当时看到的景色。这张照片是我 3 次南极之旅中最喜欢的一张——主要是因为当时美妙的光线效果，以及巨大的拍摄量所致。这张照片的最终调整效果如**图** 4.34 所示。

图4.34 拉美尔水道日落照片的最终调整效果。校准颜色使用了单颜色通道曲线

4.2.4　分离色调的颜色

　　就我个人而言，我宁愿去拍摄日落而不是日出。为什么呢？首先，拍摄日落不用起大早。其次，拍摄日落时所做的准备工作是在白天进行，无需摸黑。另外，拍摄日落也让你有充足的时间预判可能出现的天气问题——如果你估计光线会变得糟糕，绝对来得及去吃晚餐。

　　然而，如果你是特地飞到伦敦，然后自驾去爱丁堡，计划和一个朋友一起去拍摄，那么你是不会愿意在旅馆睡懒觉的，对吧？我反正不愿意。我去苏格兰的时候就是和我的好朋友兼同事马丁·伊文宁一起的。马丁想要在清晨拍摄爱丁堡市中心的卡尔顿山。于是我们老早就起床了，但是发现那天的天气不怎么理想。不过，一不做，二不休，我们还是决定出发去拍摄。

　　我们并未遇到一个壮观的日出。东方浓厚的云朵把太阳都挡住了。不过在苏格兰，有句老话是这么说的：如果你不喜欢这天气，等上5分钟——马上就变好。我后来发现这话说的并不总是灵验，不过当时云朵的确开了个口，于是我们开始拍摄。接下来，我将要用作色调分离处理示例的照片，拍摄的是杜格尔德·斯图尔特纪念碑，这座纪念碑是为了纪念苏格兰哲学家兼数学家杜格尔德·斯图尔特而建的。观察照片可以判断出，当时的太阳刚好爬上云端露出一点，虽然效果尚可，不过我认为它可以在后期处理中变得更好。**图**4.35所示为这张照片在默认渲染下以及在全局色调调整和白平衡调整之后的效果。

　　我从原照设置的白平衡开始调整，并设置成了暖调效果。色调中主要的变化是调高了对比度以及一个阴影的正向调整和一个黑色色阶的负向调整，以此来修改色调分布。是的没错，我调高了清晰度和鲜艳度——照片有了大幅改观，对吧？此外，我还在镜头校正面板中针对我的佳能 EF 28 - 135mm 镜头应用了校正功能，去除了照片中的桶形畸变。由于我拍摄的时候对相机找了水平，因此我无需担心广角镜头因为不水平拍摄而产生的梯形畸变，也就无需梯形畸变校正。

　　这张照片需要一些局部的加强设置。我使用渐变滤镜工具压暗天空（曝光度调整为 -0.89 ），以及用调整画笔工具提亮照片中心的纪念碑，并压暗背景中一些较亮的楼群。我在纪念碑的位置添加了一个正向的曝光度设置，用以提亮那些罗马柱，同时开启自动蒙版功能在背景部分绘制楼群蒙版，应用了一个负向的曝光度和高光设置，用以压暗那些发亮的楼群。**图**4.36所示为两个调整画笔蒙版设置。

图4.35　照片的默认渲染和全局调整效果

▲ 默认渲染下，原照设置白平衡：色温 5400K，色调 -2

▲ 全局调整：对比度 +35，阴影 +42，黑色色阶 -13，清晰度 +32，鲜艳度 +33

图4.36　调整画笔蒙版设置

▲ 纪念碑提亮蒙版设置：曝光度 +0.99

▲ 远处楼群压暗蒙版设置：曝光度 -0.89，高光 -48

关于颜色调整的最后步骤，我使用了分离色调面板来暖化高光区域并冷却阴影区域。其实我也可以使用颜色曲线来完成这一步骤，不过老实讲，如果你无需某些特定的颜色调整，在分离色调面板中操作相对更容易且更快一些（而且这是一个非常有用的分离色调调整范例）。我为高光区域选择了一个暖调颜色，为阴影区域选择了一个冷调颜色。在这一案例中，我不需要改动分离色调面板的平衡项目。**图4.37**所示为单独的高光和阴影区域颜色调整。

当你使用分离色调面板将全局与局部色调校正进行混合的时候，调整的最终效果像是那天早上爱丁堡的太阳光正好照到杜格尔德·斯图尔特纪念碑上。其实真相是……我只是在一定程度上帮助阳光延伸过去而已。**图4.38**所示为最终调整结果。

图4.37 在分离色调面板中完成的高光和阴影区域颜色调整效果对比

▲ 高光区域的暖调颜色调整：色相 48，饱和度 48

▲ 阴影区域的冷调颜色调整：色相 228，饱和度 30

图4.38 从卡尔顿山上俯瞰的晨光（强化过）中的爱丁堡

4.2.5　彩色渐变

　　渐变滤镜工具是一个很有用的校对工具，不过不仅限于色调调整。你也可以用它来改变照片中的颜色，或者调整照片中已经存在的颜色。接下来用作示范的照片拍摄于拱门国家纪念碑，刚好是夕阳落下之后的瞬间，我想要把那种地平线后面落日温暖的余晖调出来，同时压暗天空的蓝色。这张照片与我之前的那张塔楼拱门照片是同一天拍摄的。当时马丁与我正打算开车回旅馆，半路上遇到这一场景。我们抓起相机和手电筒（当时天色已经非常暗了），然后支起脚架拍摄了几张照片。这张照片是使用P65+数码后背，以ISO 50拍摄的，快门速度3秒。效果不错，不过并不是我记忆中看到的那个样子（或者说我认为我看到的那样）。**图**4.39所示为颜色校正前的照片。哦，你知道又要发生什么了，不过这回我不打算调整清晰度了——我尽量（虽然鲜艳度被我设置为+28）。

　　我决定设置两个彩色渐变：一个暖调的滤镜帮助形成落日余晖，一个冷调的滤镜用于冷化天空的颜色。渐变滤镜设置为单一颜色的色调，而提升了饱和度的颜色滤镜则会提升全局范围的颜色饱和度。**图**4.40所示为两个单独应用的渐变滤镜在混合前的调整效果。**图**4.41所示为两个渐变滤镜混合后的效果。

图4.39　落日的余晖未尽，月亮伴随着拱门

图4.40 暖调和冷调渐变滤镜
的应用

▲ 在"拾色器"对话框中选取暖调颜色

◀ 暖调颜色渐变滤镜的应用

▲ 在"拾色器"对话框中选取冷调颜色

◀ 冷调颜色渐变滤镜的应用

图4.41 暖调和冷调渐变滤镜
混合后效果

　　当两种渐变滤镜被混合后，如**图4.41**所示，深蓝色的天空和金色的地平线
就比较符合我的喜好了。不过我从来不会适可而止，于是我打算试试，看看在
这两个渐变滤镜之上再混合一个分离色调面板调整之后是什么效果。**图4.42**所
示为在分离色调面板中，分别在高光中应用单独的暖调，在阴影中应用冷调的
色相及饱和度之后的效果。

　　我得承认，分离色调调整叠加在渐变滤镜调整之上后，照片效果改变不大，

图4.42　分离色调面板单独应用设置

▲ "高光"颜色拾色器

◀ 高光暖调颜色应用

▲ "阴影"颜色拾色器

◀ 阴影冷调颜色应用

图4.43　混合使用了渐变滤镜和分离色调调整之后的落日余晖照片最终效果

不过也没人就此否定它的作用。**图4.43**所示为最终调整结果。你觉得怎么样？反正我很喜欢！

注释：事实上，在绝大多数"植物绿色"中，黄色比绿色要多。这也是软件工程师们将HSL面板中原有红色、绿色、蓝色、青色、洋红和黄色的原色加减色设置改变为8种颜色的原因之一。

4.2.6　HSL颜色校正

　　一般来说，我不会建议你靠近一头野生的北美野牛去拍摄它。虽然我拍摄这张照片使用的是一支24mm广角镜头，不过我并非走近野牛的（我还没那么傻）。相反，我是在野牛还离得远远的时候，坐在地上等它靠近我的。当然，当我拍摄这头野牛的时候，情形还是有点危险的……之后我缓慢地走开，然后迅速地跳上我的摩托车，飞也似地逃走的。说实话，我怀疑那头野牛可能压根没注意过我——它正在那里享受美食呢，而且其实美国黄石国家公园的野牛对人类也都相当熟悉了。**图4.44**所示为这张照片在颜色校正前的样子。

　　我想要完成的最主要的颜色校正是要改变地上绿草的色相，调整设置橙色、黄色和绿色的饱和度，降低蓝色天空的饱和度，然后调整一些颜色的明亮度值。**图4.45**所示为我在HSL/颜色/黑白面板中的3个子面板的调整设置。

图4.44　美国黄石国家公园的一头北美野牛的照片，颜色校正之前

图4.45　在HSL面板上进行颜色的滑块调整

▲ "色相"子面板

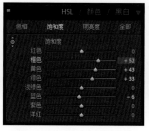

▲ "饱和度"子面板

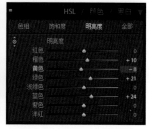

▲ "明亮度"子面板

图 4.46　美国黄石国家公园的一头北美野牛的照片经颜色校正之后的效果

　　我想要把绿草中的黄色减少。在色相子面板中，我将绿色增加，并将黄色向绿色的方向移动一点。在饱和度子面板中，我想要调整一下野牛的颜色（橙色），操作方法类似于黄色和绿色，不过这里是将蓝色减饱和。在明亮度子面板中，我提亮橙色和绿色，同时轻微压暗黄色，较大幅度压暗蓝色。现在的最新调整结果是，草地的绿色更绿，颜色更鲜亮，野牛则被提升了饱和度和亮度，而天空的饱和度和亮度则降低了。

　　图 4.46 所示为 HSL 面板颜色校正的最终结果。哦，如果你仍好奇，我可以告诉你在这张照片里，我真地没用一点鲜艳度调整（虽然我设置了一点清晰度调整）。

4.2.7　镜头偏色校正

　　由镜头产生的偏色问题用 Lightroom 很难校正，而你手里的镜头很有可能会产生这类偏色问题。当光穿过镜头最终以很斜的斜角打在感光元件上的时候，成像就可能有分布不均匀的绿色或品红色。而单独的白平衡校正功能则无法校

> **小贴士：**按照我的经验，如果提升鲜艳度太多，而之后又使用 HSL 面板调整，那么其调整精度将受到影响（换句话说，如果对"鲜艳度"大幅调高之后，再应用 HSL 面板，效果就不好了）。当应用 HSL 面板调整的时候，如果要保证精确度，就不要在基本面板中调整鲜艳度或饱和度。

小贴士： 镜头的偏色问题往往出现在广角镜头上，尤其是完全反望远结构的镜头（为了避免镜头的后组镜片贴近感光元件的设计）。非反望远结构的镜头往往用于座机或技术相机上。

正这一问题。如果照片偏绿，那么中性色就变成品红色。如果校正了品红色，那么照片又偏绿了。这是镜头存在不均匀的光损失所致。如果在一台数码单反相机上使用移轴镜头，你就可能遇到非对称透镜光衰减（暗角）的问题，当这一问题又混合着偏色问题时，就是一个更加难以解决的问题了，因为镜头校正面板无法解决非对称透镜光衰减的问题。

要解决这个问题，你需要拍摄一张照片作为校准照片，就在你平时拍摄的位置，不管是否移轴，也无所谓光圈值大小。校准照片是作为校正偏色和光衰减问题的校正基准的。拍摄校准照片的时候，在镜头前放置一个漫反射片（通常为半透明的有机玻璃），由镜头产生的偏色和光衰减问题将出现在照片里。

到现在为止，你还不能在Lightroom里进行这样的校正操作——即便是DNG规范已经允许。而且，即便是DNG格式可以校正操作了，还没有办法选取校正照片，提取偏色和光衰减数据，并且在Lightroom中把这一功能应用在其他照片上。不过情况在改变。2012年年末的时候，Adobe公司发布了一款叫作DNG Flat Field 的Lightroom插件。这一插件可以在DNG产品页面免费下载。本书写作的时候，本人使用的还是一款测试版插件，所以当这款插件最终发布的时候可能会有一些变化。**图4.47**所示为使用一台飞思IQ 180 数码后背配合一台仙娜4×5座机，以及一支120mm镜头拍摄的照片，座机前组移轴改变了焦平面，前组升起改变了构图位置。色偏和光衰减现象并不严重，不过在这张高调照片的顶部，这些问题是可见的（这也是我这么拍的原因）。

图4.47 应用Flat Field校正操作前的照片

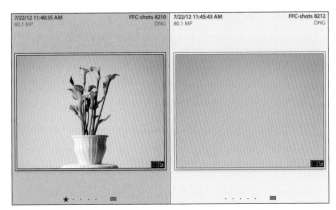

图4.48 使用DNG Flat Field插件逐步校正色偏和光衰减问题

▲ 步骤1：在Lightroom的图库模块下，选择主照片及色偏校准照片

▲ 步骤2：在图库模块下的图库菜单里，选择"Plug-in Extras"，然后选择"Apply interleaved Correction"

▲ 步骤3：当对话框出现，选择你想要的校准选项

▲ 步骤4：插件运行并生成一个并置的已应用过校准处理的新的 DNG 文件

　　这一插件可以识别校准照片，计算所需的校准量，以及对照片应用校准功能。唯一需要注意的是：你得把 RAW 格式文件转换成 DNG 格式才能使用这一插件。你可以在 Lightroom 里直接完成这一 DNG 格式转换，在图库菜单中，选择"将照片转换为 DNG 格式…"即可。应用校准功能的逐步操作如**图4.48**所示。

　　在 DNG Flat Field 插件的菜单选项中，有两项选择：Apply interleaved correction 和 Apply external correction。我选择 Apply interleaved correction，因为主照片和偏色校正照片都在同一个文件夹里——是在拍摄场地或影棚中交替拍摄的。如果你的拍摄位置固定（就像翻拍艺术作品那样），

注释： 特别要鸣谢汤姆·霍佳迪，Lightroom 的产品经理，是他允许我把测试版的插件用于本书。另外，还要特别感谢艾瑞克·陈，Camera Raw 的工程师，他是编写这款插件的作者。

你可能更愿意把偏色样片存储在一个不同的位置。需要注意的一点是，校准照片必须和需要校正的主照片使用同一支镜头、光圈值、焦距以及光照条件来拍摄。如果选择 Apply external correction 这一选项，会出现一个导航窗口，帮你选择文件夹以外的样片。

在主照片拍摄之前还是之后拍摄偏色校准照片，都是无所谓的。如果你拍摄了多张照片和校准照片，那么插件可以自己找到校准照片和主照片。在使用座机拍摄的时候，你可能会拍摄一系列不同的照片——只要保证在镜头未做任何新调整之前，拍一张校准照片就可以。插件自己会为主照片找到相匹配的校准照片的。如果打算按包围曝光拍摄 HDR 混合照片，因为你不会变动光圈值，所以一张校准照片就可以适应包围曝光的所有照片了。拍摄全景拼接照片也是同样的道理——在不改变拍摄设置的前提下，一张校准照片就够了。

DNG Flat Field 插件只针对 Lightroom。在 Camera Raw 中无法选取校准照片进行校准（虽然 Camera Raw 的内置 DNG 校准程序可以处理 DNG 文件）。**图 4.49** 所示为应用了偏色和光衰减校准处理之后的照片效果，可以看到照片的绿色偏色和光衰减被去除之后的变化。

图 4.49 去除了偏色和光衰减问题之后的照片

4.3 黑白照片的转换

黑白摄影总是让我情有独钟。在暗房中冲洗胶片并放大照片的经历让我对摄影的热爱扎下了根。当我第一次看到一张照片在显影盘中显影的时候，我兴奋地立即拉开了白炽灯。哦，当然，那张照片在我看到它的时候就变黑了，因为我略过了停显和定影的步骤。看我当时有多傻。

我有意提及这些是因为，对黑白摄影的热爱为我打开摄影之门，而现在数码影像的拍摄则为我的挚爱注入了新的生机。需要说明的是，除了少数几款RAW格式文件感光元件和相机，比如最近发布的徕卡M-Monochrom相机之外，所有的感光元件拍摄RAW格式文件的时候，都是彩色拍摄。有些相机可以设置成黑白JPEG模式拍摄，但是RAW格式文件本身便包含彩色信息（好吧，其实我在第1章中或多或少地提到了这点）。

在过去的黑白胶片摄影时代，可以通过控制曝光和冲洗来调整底片上的对比度。在今天的数码时代，当需要转换成黑白照片的时候，这一环节是在Lightroom和Camera Raw中完成的——而你无需再碰定影液了！

黑白摄影是一种对彩色光线的单色呈现，理解这一点很重要。彩色如何转换为黑白，就是这一转换过程中需要优化的最根本的问题。安塞尔·亚当斯可以边检查边冲洗胶片，因为他使用的是早期的正色胶片（只对蓝光感光），这种胶片可以以红色灯光为安全光，在冲洗的过程中随时查看。而现代的黑白胶片和数码感光元件就是对可见光中所有颜色的光都感光了（而且，数码感光元件对于红外线也感光），这其实就是所谓全色的概念（即对所有颜色的光都感光）。

在过去的时代里，摄影师们通常用不同的颜色反差滤镜来改变全色黑白胶片的对比度。黄色滤镜用来轻微压暗蓝天，红色滤镜则较大幅度地压暗蓝天，绿色滤镜会提亮绿叶并压暗皮肤颜色，橙色滤镜则用来提亮肤色。在数码时代，我们不需要这些实体的颜色滤镜了，我们拍摄全色数码照片，然后在后期处理中就可以完成这些操作（这些变化，对于我这样的老家伙而言，是相当酷的）。在本节中，我会谈谈在黑白照片转换过程中，控制颜色对比度的不同方法，另外还会深入讨论黑白照片转换的颜色调式方法。

4.3.1 全色黑白照片的调整

拍摄数码照片的时候，拍到的数字底片包含丰富的颜色信息：在RGB图像中，包含红色、绿色以及蓝色通道。如果你在Photoshop中逐个颜色通道检查，会发现每个通道的调性都是不一样的，光线通过三原色RGB滤镜在感光元件上感光，而这些色调则以此为基础。**图4.50**展示了示例照片的原始彩色照片以及每个颜色通道的显示效果，这是在Photoshop中选择单色通道实现的。照片中拍摄的是布宜诺斯艾利斯的跳蚤市场里的布娃娃——我希望你没有觉得它们吓人（我老婆觉得它们令人惊悚）。

把RGB彩色照片转换成黑白照片的关键在于理解彩色和灰阶影调的关系。在红色通道的那张图例中，你可以看到布娃娃的红色领结的灰度非常浅，而同样是这个领结，在蓝色通道的那张图中灰度则深多了。与之相反，布娃娃的蓝色帽子，在蓝色通道那张图中比在红色和绿色通道的图中灰度也要浅得多。绿色通道是包含最大数量明亮度数据的通道（归因于感光元件的RGGB拜耳阵列排列方式，参见第1章），因此绿色通道的那张图看起来更像我们平常看到的

▲ 原始彩色照片

▲ 红色通道

▲ 绿色通道

▲ 蓝色通道

图4.50 原始彩色照片以及红色、绿色和蓝色通道下的照片

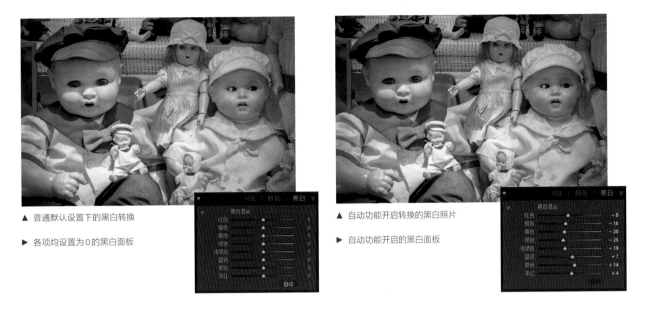

▲ 普通默认设置下的黑白转换

▶ 各项均设置为0的黑白面板

▲ 自动功能开启转换的黑白照片

▶ 自动功能开启的黑白面板

图4.51 默认黑白转换与自动黑白转换效果对比

彩色转黑白照片的结果。所以结论是，若要把三个颜色通道的信息最优化地混合成单通道的灰阶图像，你需要控制好每个单色通道的混合数量，以确保转换的最终结果能够保持良好的灰阶反差。两个不同的颜色，它们在RGB色谱中截然不同，但是它们的成像和一个单独的灰阶值却很接近，这都是很好理解的事。这也是为什么我们在转换黑白照片的时候需要"推敲"。**图4.51**所示为在Lightroom的HSL/颜色/黑白面板中，或是在Camera Raw的HSL/颜色/灰度面板中按默认设置转换出的黑白照片。

　　自动转换功能的处理效果相当不错，能够在灰度色调中保持彩色照片的对比度。对比这张黑白照片和**图4.50**所示的那张绿色通道的照片，你会发现二者相当接近。自动功能对图像颜色敏感，其默认值并非为0，可作为一个很好的调整起点。这就是我在Lightroom和Camera Raw的首选项预设中都将默认值设为自动的原因。如果单击目标调整工具，控制光标在照片上直接调整目标区域颜色的亮暗色调，那么调整颜色就是一个轻松的活。提高颜色值会提亮色调，而设置0以下的数值则会压暗色调。如果单击了面板上的黑白按钮，那么你将看不到彩色的照片，不过可以单击HSL或颜色按钮，让照片变回彩色的。再回到黑白面板后，之前所做的设置都将有效。我想要压暗照片中帽子的蓝色调性，并提亮领结的红色，在黑白面板中调整颜色如**图** 4.52 所示。

最后，我又添加了一些局部调整，以弱化照片的边角部位。**图** 4.53 所示为我用调整画笔绘制的蒙版区域。我将清晰度设置为 -100，此举是为软化边角位置的对比度，然后将锐化程度设置为 -100，此举是为了添加一个边角模糊的效果。这张照片的最终调整结果如**图** 4.54 所示。

注释： 如果你已经使用渐变滤镜或调整画笔对照片进行过局部颜色／色调调整，那么照片在被转换为黑白照片后，这些调整结果不会被去除。这是需要注意的一方面，因为有可能在被转换成黑白图像之后照片的一些区域还保留有颜色。软件是被故意设计成这样的，以便被当作创意工具来应用。

图 4.52　黑白转换过程中的颜色混合调整

▲ 黑白面板的最终调整设置

图 4.53　创建蒙版，用以降低对比度和模糊边角

图4.54 惊悚布娃娃照片的最终效果

4.3.2 暖调效果的调整

　　黑白照片有单纯黑白的，也有加入了一种颜色色调的黑白照片。这一概念要追溯到暗房时代了，普通的、中性的黑白照片在被冲洗定影之后，进行化学药浴处理——或是直接就用暖调相纸比如爱克发的Portriga相纸放大。在我的暗房经验中，我唯一没使用化学色调处理的是一次商用照片复制任务。通常情况下，我使用柯达棕调调剂、柯达褐调调剂或是与前两者任意一种混合的硒质调制液为照片染色。这样做的目的是为黑白照片加入一些微妙的颜色色调，以最大限度地加强照片的成像密度。如果上述字句显得有些啰唆了，那么现在我简单概括一下：摄影师们喜欢在中性的黑白照片中加入一些微妙的（或并不微妙的）颜色色调。

图4.55 蒸汽机车的彩色照片，拍摄于从科夫到斯沃尼奇的一段蒸汽机车之旅

　　本小节中使用的暖调示例照片是一张无聊的斯沃尼奇铁路上蒸汽机车的彩色照片，这条铁路作为历史文化遗产位于英国的多塞特郡的斯沃尼奇镇和科夫堡之间。图4.55所示为示例所用的原始彩色照片。

　　我在HSL/颜色/黑白面板中将照片自动转换成了黑白照片，并进行了一些

图4.56 黑白照片转换调整设置以及暖调调整的初步设置

▲ 黑白照片转换，橙色、黄色、绿色设置为 - 25，同时蓝色设置为 - 50

▲ 暖调设置，色相设置为50，饱和度设置为25

调整设置。最终的设置压暗了橙色、黄色以及绿色，大幅度地压暗了蓝色以加强颜色对比度。另外，我还添加了一个渐变滤镜，用来压暗天空，以及调整画笔，用来提亮蒸汽。局部模糊了照片的顶部和底部使照片看起来成像发软。初步暖调调整是在分离色调面板中完成的，只是调整了高光。这张照片的黑白灰阶转换以及初步的暖调调整如**图4.56**所示。

　　我喜欢暖调黑白照片古旧的效果，不过我决定还是继续调整，稍微降低饱和度，并调整一下分离色调面板的平衡滑块，让暖调从照片的阴影区域出来一点。最终的调整设置为（如**图4.57**所示）：将饱和度调低至20，将平衡滑块调整至-50。这样一来，全局的暖调略微下降，不过阴影部分更加中性。做暖调调整很容易过头。虽然我喜欢暖化一些的色调，但我还是更喜欢不是那么过度的暖调效果。你觉得呢？

图 4.57　暖调照片调整
最终效果

4.3.3　分离色调效果调整

　　我曾提到过，以前我在暗房里常常进行一种分离色调的操作。典型的调性就是一种棕调和硒调混合的色调。棕调是一种漂除和置换原理的暖调剂，会将高光和中间调区域暖化，但是不会影响阴影部分，因而使得阴影部分仍然保留中性色调。在过完棕调之后，我会把照片再过一次硒调，这会让照片的黑色深化，同时产生一种冷调的紫色基调。我曾习惯于在暗房中操作这些化学流程，不过今天你不用再受这些化学试剂的束缚了，你可以在Lightroom或Camera Raw中使用任何形式的分离色调的颜色和饱和度。接下来的这张示例照片就非常接近于我曾处理过的那种棕/硒调照片。**图4.58**中展示了原始彩色照片，我拍这些小花使用了一台飞思645FD相机配一个P65+数码后背，以及一支120mm的微距镜头。这张照片的拍摄地点是冰岛的雷克雅未克的植物园，是在阵雨的间歇拍摄的。转换后的黑白照片如**图4.58**所示。

　　我想要大幅度地压暗照片里的黄色（别忘了，绿草颜色中黄色居多），同时压暗实际的绿色。作为一张中性的黑白照片，我很喜欢，不过我想要进一步调整，为高光部分添加一点暖色调，同时为阴影区域添加一点冷色调，以实现分离色调的效果。**图4.59**所示为这张照片在单独的暖调和冷调下的效果。

　　当两种颜色的色调被混合之后，产生了一张分离色调的照片，这样的效果看起来很像棕/硒调银盐黑白照片。最后的调整里，我将平衡滑块调整到-20，以此来让暖调色调深入中间调区域多一些。这张照片调整出的最终的分离色调效果如**图4.60**所示。

图4.58　原始彩色照片以及按自定黑白混合转换后的黑白照片

▲ 原始彩色照片

▲ 黑白照片转换设置为：在黑白面板中，-50 的黄色和-20 的绿色

图4.59　暖调和冷调的分离色调调整

▲ 暖调调整设置：色相52，饱和度25　　　　　　▲ 冷调调整设置：色相236，饱和度25

图4.60　在Lightroom或Camera Raw的分离色调面板上调出的最终结果

4.3.4　局部有颜色的冷调黑白照片调整

　　下面这个例子实际上是一种一举两得的做法，它既实现了阴影区域冷调的黑白照片效果，又保留了局部区域的颜色。对于这张圣·米格尔·德·阿兰德商场前的斗牛士照片，我使用调整画笔工具将照片局部地转换为黑白照片，将调整画笔工具的饱和度设置为-100。这样一来，除了红色的大门，剩下的地方全都变成灰度图像了。转换黑白照片并非只能在HSL/颜色/黑白面板里进行，其实方法有很多种。**图4.61**所示为示例的原始彩色照片，以及用调整画笔工具绘制的蒙版，蒙版绘制时开启了自动蒙版功能，最后的转换结果只保留了红色大门。

　　为了让马匹身上的细节显露出来，我在基本面板中设置了一个正向的曝光度调整（+0.80）和一个正向的阴影调整（+96），以及一个正向的清晰度调整（+60），这样一来原始照片阴影中原本消隐的细节就都显露出来了。我喜欢黑白的照片里的红色大门，不过我觉得大门的红色色温显得有点高，需要一个冷化的颜色来抵消一下。因此作为最终的分离色调设置，我使用了一个色相为228、饱和度为43的设置，将红色冷化到我想要的效果。**图4.62**所示即为最终调整结果。

图4.61　原始彩色照片，蒙版区域为去饱和度的区域，以此将照片转换为黑白照片

▲　原始彩色照片

▲　使用自动蒙版功能绘制的蒙版

▲　以局部去饱和度的调整方式转换出的黑白照片

图 4.62　局部黑白照片的最终转换结果，阴影区域已添加冷调

4.3.5　黑白照片色调分布的优化

仅仅将彩色照片转换成黑白照片，然后做一个混入某些颜色的调整，往往并不能产生最优化的黑白转换。一般而言，还需要优化色调分布，才能调出生动的黑白影像。接下来用作示范的这张饼海胆的照片，拍摄于佛罗里达群岛的公路边，就是一张典型的体现色调分布作用的照片。**图 4.63** 所示为默认设置下

图 4.63　饼海胆彩色照片

▲ 彩色照片在基本面板中的调整设置：曝光度 -0.65，对比度 +67，高光 -100，
阴影 +18，白色色阶 +29，黑色色阶 -6，清晰度 +100

▲ 默认零设置的黑白照片转换结果

图4.64　做过色调调整的彩色
照片以及黑白照片转换结果

这张照片的彩色原照。

　　这张彩色照片的曝光适当——在处理版本2012的直方图里可以看到没有
任何溢出。我不太喜欢这张照片某些区域的颜色色调变化，于是我决定在进行
完全局色调分布调整之后，立刻将这张照片转换成黑白照片。图4.64所示为做
完色调分布设置的彩色照片，以及在 HSL/ 颜色 / 黑白面板中，按照默认零设
置转换出的黑白照片。

　　我想要压暗照片，提高对比度，并且真正压低高光，同时提亮一点阴影，
稍多提亮一点白色色阶。降低黑色色阶帮助住黑色的最深色调。将清晰度设
置为 +100 将产生明显改观，不过我发现在转换为黑白图像之后，如此大幅度
的色调调整下，照片效果表现良好。照片在彩色的版本下容易出现诸多问题，
而在黑白版本下，表现明显改善了。在基本面板的色调分布调整之后，转换为
黑白图像的照片看起来更好了，不过仍需要曲线调整以提取出适当数量的影调
（ 至少我的观点如此 ）。需要做的是使用点曲线编辑器，而非在色调曲线中拖来
曳去地尝试，我借助于参数曲线编辑器来确定最终的色调曲线。

　　图4.65所示为应用参数曲线编辑器调出的最终结果。你会发现这曲线本身
是一系列曲折的形状，高光被提亮，亮色调被压暗了。对于1/4色调区域的更
精细调整将细节中的质感带出。而3/4的色调区域曲线曲折，是压暗了一点暗
色调，不过本质上是压暗了阴影。所有这些调整都是基于我使用色调曲线面板
的目的，以肉眼观测为准的。

图4.65 调整色调分布后，黑白照片的最终效果

4.3.6 使用颜色曲线调整颜色色调

　　新墨西哥州圣达菲的圣米格尔教堂，被称作美国最古老的教堂。据称，这座教堂始建于1610年～1626年，后被毁坏，于1710年重建，它是美国历史性地标建筑。这张彩色的示例照片转换成黑白的方式并非传统方式，彩色着色的方式也并非在分离色调面板中完成，而是使用了色调曲线面板中的单通道的颜色曲线功能。原始彩色照片转换成黑白照片是通过在基本面板中的一个设置为−100的饱和度调整来去饱和度完成的，如**图4.66**所示。黑白转换也包含一个调整画笔的操作，以提亮钟楼部分，使其显露更多细节。

　　调整颜色并非使用分离色调面板，而是在色调曲线面板中，以点曲线编辑

图4.66 原始彩色照片以及黑白转换调整设置，包括局部的色调校正

▲ 原始彩色照片

▲ 通过在基本面板中设置一个 -100 的饱和度调整将照片转换成黑白照片，局部的调整画笔设置提亮了钟楼部分。曝光度为 +1.84，对比度为 29，高光为 55，阴影为 29，清晰度为 44

图4.67 红色及蓝色通道的调整设置

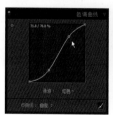

▲ 红色通道1/4色调点调整

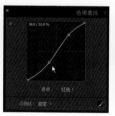

▲ 红色通道3/4色调点调整

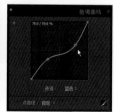

▲ 蓝色通道1/4调点调整

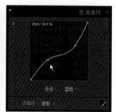

▲ 蓝色通道3/4调点调整

器的方式分别调整单颜色通道。我添加了一个正向的黄色和红色的1/4点的色调曲线调整，同时调整3/4点的色调以增加蓝色和青色。**图4.67**所示为红色和蓝色通道的调整设置。

　　这张照片的最终调整结果呈现的是一种相当图形化的、非写实风格的教堂影像。虽然这种做法并非适用于每张照片，不过在这个案例中，强烈的图形化风格效果不错（至少我这么认为）。相对于分离色调面板的操作，使用颜色曲线可以做更加精确细致的调整。**图4.68**所示为颜色曲线调整的最终结果。

图4.68　使用颜色曲线调整出
最终的黑白影像效果

4.4　最大限度发挥影像细节

　　从照片中最大限度地获取细节本就是一个复杂的课题——有人可以专门为这一课题写本书的。哦，等等，已经有人写过了！我曾参与过一本与布鲁斯·弗雷泽联合署名的影像锐化的书：《数码影像锐化深度剖析》（人民邮电出版社，2010年8月出版）。我不能把那本书全方位地塞到本章节中，不过我会尽量把那些关于在Lightroom或Camera Raw中锐化和减少杂色设置操作中的要点讲解一下。

　　当我们对照片进行锐化以加强影像细节的时候，没人愿意看到锐化产生副作用。锐化过度的问题要比锐化不足严重。对于一张照片，你可以一路不断添加锐化设置，不过这时候要想不出现锐化过度的糟糕效果就很难了。减少杂色还有一定程度的锐化复杂性，应尝试在最大化获取图像细节与减少可见噪点之间取得平衡。能使二者都满足，尽量达到最优化的设置是有难度的，需要对工具使用有一定程度的经验和知识。

　　选择在Lightroom和Camera Raw里进行锐化处理的原因在于，软件可以修复和提高图像在拍摄时由连续色调的光被感光元件转换为像素的过程中产生的细节损失。去马赛克的过程中，色彩插值会产生成像发软的问题。由于低通滤镜的存在，感光元件自身也导致成像发软。镜头可能存在不足，当使用小光圈拍摄的时候，光的衍射也会引发成像问题。总之，你需要为照片应用锐化设置以提高图像的表面清晰度或锐度（边缘反差）。理解边缘的概念很重要。你所要锐化的是图像中的边缘而不是非边缘的表面部分。边缘频率是在对照片设置锐化半径时候的决定性因素，而且可以说是更加难以决定的一个因素。接下来，我把锐化按图像边缘类型分成3个小节来讲述：高频边缘、低频边缘以及混合频率边缘。

4.4.1　高频边缘锐化

　　我选择了一张在美国布莱斯峡谷国家公园的布莱斯点拍摄的照片，作为展示高频边缘锐化的示例照片。这张照片的拍摄使用了一台飞思P65+数码后背及一支45mm镜头，这支镜头有着卓越的表现力。这张照片最终的裁剪尺寸为在300PPI下的29.6英寸×18.8英寸。**图4.69**所示即为整张照片（只裁剪过顶部和底部的一点点）。注意到那个很小的白色矩形框了吗？那矩形框范围内的

图4.69　在布莱斯点拍摄的照片全幅展示，以及放大区域位置示意

区域就是我将要在Lightroom中按4:1显示比例放大的部分。

通常，在Lightroom里做滑块调整的时候，我会把照片缩放到1:1的显示比例（在Camera Raw中是100%显示），不过现在我展示的这部分照片被放大到4:1显示，细节将会得到很好地呈现。锐化和减少杂色的目的是为了从照片中提取出尽可能多有用的细节，同时避免任何过度锐化操作的不良结果。**图4.70**所示为这部分照片在4种锐化和减少杂色的设置下呈现的效果。

显而易见，在4:1的显示比例下，未经任何锐化设置的那张照片显得成像发软，不过经过默认设置锐化的那一张的表面清晰度也似乎没有多少提升。一旦锐化设置被优化了，就可以清楚地看到照片细节方面的提升。是的，图像中的确有可见的晕圈存在——不过别忘了，我们现在是按照4:1的显示比例查看，因此已经过于放大了；当按照1:1比例显示时，晕圈就会消失。第3张优化设置的照片，细节设置为90，数量设置为60，已经产生对于明亮度不利的效果了。最后一张照片的减少杂色设置为25，则帮助抑制了噪点现象的发生。

那么，我是如何达到那些设置的呢？我并未按顺序操作。是的，通常而言，应按照面板中排列的自上而下的顺序操作，但是我考虑到，关于锐化调整首先应该设置半径。显然，这张照片中有许多小边缘，那么半径应该被设置为小于默认值1.0。**图4.71**所示为默认半径为1.0以及被调整到0.7的效果对比，可以

图 4.70 在 4∶1 的显示比例下，细节面板不同设置的效果对比

▲ 关闭锐化和减少杂色功能的照片

▲ 默认设置下的锐化结果：锐化数量 25，半径 1.0，细节 25，蒙版 0，减少杂色明亮度 0

▲ 优化设置下的锐化结果：锐化数量 60，半径 0.7，细节 90，蒙版 20，减少杂色明亮度 0

▲ 优化设置下的照片：减少杂色 25

图 4.71 半径调整设置

▲ 默认半径设置为 1.0

▲ 将半径设置调整为 0.7

按住 Option 键（Mac 系统）或 Alt 键（Windows 系统）查看预览。

减少半径设置会减少晕圈的宽度，同时收紧边缘的锐化。你可能试过用最低的半径设置0.5，不过那并非真正最优的设置——其结果会使边缘欠缺锐化处理，因为半径值太小。半径值为0.5和0.7并没有太多的不同，不过当调整数量和细节滑块的时候，半径值的影响便是可见的了。这类的精细调整需要一定的经验，而找到最优化的半径设置则需谨慎。接下来，需要调整的设置是细节滑块，效果如**图4.72**所示。

细节项目默认值为25的设置所实现的是非常少的去卷积锐化以及大量的晕圈抑制处理。对于高频照片，我通常会调高细节滑块以减少抑制处理并加强细节。90是相当高的设置，不过这张照片禁得住高强度的后期调整。锐化过程中，不可避免地增加了噪点，这一问题可以通过减少杂色的明亮度设置来解决（预览图为减少杂色设置前的效果）。接下来的一步则是精调数量和蒙版设置，如**图4.73**所示。

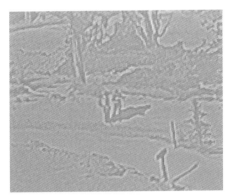
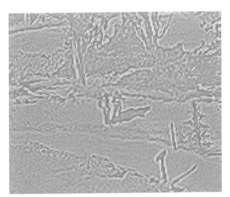

图4.72 调整细节滑块

▲ 细节设置默认值为25

▲ 细节设置调整为90

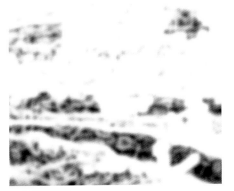

图4.73 调整数量及蒙版设置

▲ 将数量调整为60

▲ 将蒙版调整为20

在设置完半径和细节滑块后，回到面板顶部的数量进行设置。数量是一个简单的量值控制项目，在调整过程中你可以很容易地判断何处适当，而何时会过度锐化。另外，需要提醒的一点是，全局的数量设置可能对照片的大部分区域效果很好，但是局部区域可能会出现过度锐化的非优化现象，这时可以使用渐变滤镜工具或调整画笔工具做局部的负向锐化调整。这样一种缓解过度锐化的做法是一种很重要的思路，因为它可以改变全局锐化的战略部署。调整蒙版的设置是为了使表面区域（非边缘位置）避免受到锐化处理。蒙版是白色的位置，全面锐化发生了；蒙版是黑色的位置，锐化就被本质上减少了。如果你应用了非常高的蒙版设置，黑色区域的锐化多半都被消除了。当遇到大量噪点的照片并进行高强度锐化设置的时候，请谨慎调高蒙版的设置。你可以收获连锁反应的效果，照片中表面区域没有得到锐化处理，而边缘位置则得到很强的锐化处理。

图4.74 优化过的细节面板设置，照片在1:1比例显示下的效果

通常情况下，在做细节面板调整的时候，照片按1:1比例显示。**图4.74**所

示为按1∶1比例显示（100%显示）的照片。然而，由于屏幕显示的半色调问题，你看到的不会和我在Lightroom中调整照片时看到的效果相同。不过仍可以从中体会到照片在进行优化调整设置时的大致效果。

你可能觉得本小节的内容到此结束了，且慢，我之前提到过最优化的细节面板全局设置可能未必对于照片中的每个区域都是最优化的。在这张照片的处理中，对于照片的绝大部分区域而言，锐化和减少杂色设置都效果不错，但是除了天空。全局调整在细节面板中设置，而对天空区域的局部调整就要在调整画笔工具里完成了。**图 4.75** 所示为照片的蒙版区域设置，以及在 4∶1 比例显示

图 4.75　局部蒙版区域设置以及 4∶1 比例显示下照片调整前后效果对比

◀　调整画笔蒙版设置：锐化程度 -30，杂色 +50

▲ 4∶1比例显示，调整前

▲ 4∶1比例显示，调整后

下，调整前后细节效果对比。

　　看起来调整前后变化细微，但是如果你的目标就是要实现照片细节和品质的最大化的话（对我而言是这样的），这样的调整是有意义的。这种局部调整不需要极端精确的蒙版绘制——不像色调和颜色调整那样，局部精调锐化和减少杂色设置仅需要中等精度的蒙版设置。

　　由于这张照片的实际尺寸过大，如果未经缩减无法在本书中印刷（而缩小尺寸之后，照片细节的调整效果变化又看不出来），所以还是请回到**图4.69**看一下这张照片的完整效果，然后再对比**图4.74**看一下锐化和减少杂色处理之后的照片在1:1比例显示下的效果。

4.4.2　低频边缘锐化

　　对一张照片进行低频边缘锐化的时候，调高半径设置，照片中小区域的质地和噪点就不会被过度锐化触及。打个比方，对于一张人像照片，希望锐化的部分是人的眼睛和嘴唇，避免过度锐化的是皮肤（除非你想做出"沧桑感"效果）。我用作示范的照片拍的是我的朋友丹尼尔·奥尔蒂斯的妻子罗克珊娜·恰扎罗，拍摄于墨西哥的圣·米格尔·德·阿兰德。丹尼尔是一位热情大方的摄影师，我征得他的允许拍摄了这张照片。**图4.76**所示为这张照片的完整画面以及以2:1比例显示的照片中罗克珊娜的眼睛局部。这张照片的拍摄使用了一

图4.76　低频边缘锐化示范照片

▲　照片全图

▶　在2:1比例显示下，照片局部默认锐化的结果

台佳能 EOS REBEL T1i 配一支 18 - 135mm 变焦镜头，用的是 135mm 一端。ISO 值被设定为 800，这样的设置保证了足够快的快门速度（1/60 秒，防抖功能开启），以避免机震产生的抖动。

这一次，半径又是我首先调整的项目。我清楚我想要提高半径值设置，以此来避免锐化对人物皮肤产生的副作用，而 ISO 800 的设置使照片的噪点变得明显。我将半径的默认值 1.0 设置成了 2.0。**图 4.77** 所示为两种半径值设置下的预览效果对比。

通过调高半径值设置，调高的锐化处理对于人眼部的明显边缘发挥作用，而且缓和了对于噪点和皮肤质地的影响。预览显示，锐化使得噪点现象轻微提升，不过这可以在后续的蒙版和减少杂色项目设置中再进行调整。接下来的步骤就是要调整细节滑块了（见**图 4.78**）。

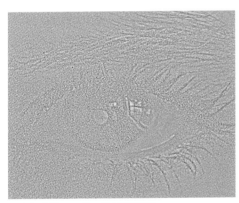 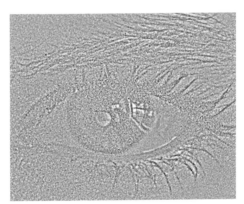

图 4.77 调整半径设置

▲ 半径设置为 1.0，以 2:1 比例显示预览　　▲ 半径设置为 2.0，以 2:1 比例显示预览

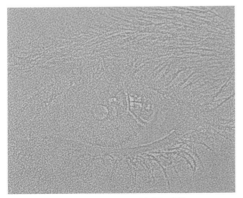 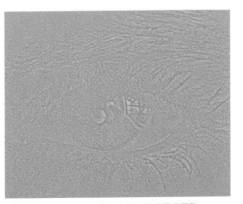

图 4.78 调整细节滑块

▲ 细节滑块默认设置为 25，以 2:1 比例显示预览　　▲ 将细节滑块调整设置为 10，以 2:1 比例显示预览

图 4.79 调整蒙版和
数量设置

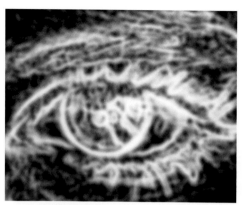

▲ 蒙版设置为68的预览显示　　　　　　　▲ 数量设置为88的预览显示

在本书的照片中可能很难看出调整细节滑块的结果变化，所以让我来解释一下你所看到的吧（尽管这确实难以分辨）。细节的默认值为25，其中仍然包含一些去卷积锐化的处理，这意味着皮肤和鼻子部分的高频质地不容易受到锐化处理的影响。将细节滑块调低到10，将会有更少的噪点被锐化处理。接下来的调整——蒙版，将会把锐化对于表面的影响减到更小。**图4.79** 所示为蒙版和数量的调整设置。

数量被设置到88算是较高的设置了，不过考虑到半径值为2.0而且细节值降到10，以及边缘蒙版被设置到68——所有这些设置将改变锐化对全局的影响。锐化数量需要设置得相当高，而且实际上我还会在眼睛以及嘴唇部位添加局部调整以提高锐化效果。在做完最终的锐化设置之后，我把减少杂色明亮度设置为+50，以此让鼻子变得平滑。**图4.80** 所示为一幅较大范围裁剪的眼睛局部图片，仍然按照2:1比例显示。没错，这幅图看起来有点松脆感，不过别忘了这是2倍于实际像素尺寸的效果：它就应该看起来有点松脆感。

除了全局的锐化和减少杂色设置之外，我还做了一点轻型的润饰，以及局部的锐化和皮肤调整。杂色噪点已经非常少了——罗克珊娜的皮肤非常好，而且影像轻微的不清晰也不会让人不高兴！我还想提升眼睛部位的局部锐度，并且提亮一点眼睛下方的位置。**图4.81** 所示为4个调整画笔的局部蒙版设置，这些局部调整完成了绝大多数的润饰工作。

使用局部调整画笔做负向的清晰度设置，可以起到降低皮肤质地中的中间调对比度的作用，这样的做法着实有效却没有产生模糊的效果（也没有毁坏皮肤的质感）。在眼睛及嘴唇位置添加额外的锐化设置则有效弥补了全局锐化照

图4.80 全局锐化和减少杂色处理的最终结果

▲ 蒙版设置：清晰度 -36

▲ 蒙版设置：锐化程度 +43

▲ 蒙版设置：曝光度 +0.39，对比度 -31，阴影 +11，杂色 +22

▲ 蒙版设置：清晰度 -15，锐度 -15

图4.81 调整画笔的局部蒙版设置

顾不到的方面。在调整画笔中设置 +43 的锐化程度，将局部锐化添加在全局锐化之上。之后使用调整画笔提亮眼睛下部的皮肤，包括一个负向的锐化程度设置和一个正向的杂色设置。好吧，其实还有几项调整：我又在眼睛的位置进行了一点很温和的调整，提亮眼白同时压暗瞳孔周围的高光。另外我还提亮了牙齿，并将嘴唇的颜色和饱和度做了轻微润饰。不过，这并非时尚杂志里的那种深度的改头换面式的大片美容照。我的调整目标是让罗克珊娜的美好容貌保持为一种天然美。**图4.82**所示为最终调整结果，照片按1:1比例显示（100%显示）。

图4.82 罗克珊娜肖像照片的最终调整结果，按1:1比例显示

4.4.3　混合频率边缘锐化

　　并非每张照片都可以被归纳为单纯的高频或低频的类型。错误地使用锐化设置可能会适得其反地影响照片的最终品质。那么，当遇到的照片显然是低频类型，却又富含重要的影像细节，需要高频锐化的时候，该怎么办呢？你得做出英明决断！针对这样的问题需要灵活变换手段。Lightroom和Camera Raw都只能一次只支持一种类型的锐化处理，那么当遇到这类问题的时候，我会转向使用Photoshop，然后把数字底片当做智能对象打开。是的，这种照片必须用Photoshop处理，不过当它是智能对象的时候，你还保留有编辑RAW格式

图4.83 一张混合频率的照片

文件处理参数的能力。**图**4.83所示的示例照片就分布着大量低频区域，而且照片的中央部位是高频区域。这张冰山照片拍摄于南极半岛北端附近的威德尔海域，拍摄时使用了一台佳能EOS 1Ds Mark II相机配一支24‐70mm镜头。

在这张照片里，天空和水面是低频区域，而照片中央的冰山则绝对需要高频锐化处理。为了对照片应用混合频率的边缘锐化，同时保持RAW格式文件参数编辑的能力，我要做一次Photoshop之旅了。

首先，我得讲一下关于智能对象的限制：一旦你把一个RAW格式照片文件在Photoshop中打开，在Lightroom中叫作数字底片的在Photoshop中则被称为智能对象了，你得搞清楚这两者的关系。使用Camera Raw对智能对象作出的任何改动都不可能像在Lightroom中处理数字底片那样，还可以很容易地倒退回去。可以说，从Lightroom到Photoshop的路是一条单行道。是的，你可以把Photoshop文件保存然后导入Lightroom，但是此时它已经被认为是一个渲染过的PSD文件或TIFF格式的文件了。你可以打开已编辑过的TIFF文件或PSD文件，在Camera Raw里继续进行参数编辑，但是所有这些设置无法与Lightroom共享。另一个相关的注意事项是，从Lightroom转到Photoshop进行智能对象编辑的前提是，Lightroom和Camera Raw的版本必须同步一致（这也是保持Lightroom和Camera Raw同步升级的另外一个好理由）。

图4.84 快照以及细节面板设置

▲ 高频快照

◀ 高频细节面板设置

▲ 低频快照

◀ 低频细节面板设置

我应对数字底片与Photoshop文件设置差异问题的一个方法就是，在Lightroom中完成所有的照片调整，并且在将其作为智能对象编辑之前保存快照。由于快照是跟随文件的，因此由Lightroom保存的快照可以在Camera Raw中正常显示。我保存的两个快照以及我对示例照片进行的锐化设置如**图4.84**所示。

关于两种设置的区别，还有一些需要注意的方面：对于高频画面，细节一定要调高，而半径要设置得比较小。这么操作的确把冰山的质感细节都调出来了。对于低频画面，锐化数量滑块一定要向150的方向向上调整（需要调到头的情况少见，不过有时的确有必要），而细节滑块则要下调到+10，蒙版滑块往上调到+50。我得承认，因为有要做示范的目的，我把这些做得过度了一点，不过你也看到了，调整结果还是相当不错的。

一旦设置被调整过了，快照也保存了，就是该到Photoshop里用Camera Raw把数字底片作为智能对象打开了。在Lightroom的"照片"主菜单里，选择"在应用程序中编辑"中的"在Photoshop中作为智能对象打开…"一项。这样一来使照片的渲染得以在Photoshop中继续，而智能对象被植入在Photoshop文件中，以一个特殊的智能对象图层出现。**图4.85**所示为单一的Camera Raw智能对象图层，以及复制的智能对象图层，并且开启显示所有图层蒙版。

复制智能对象图层，要以一种特殊的方式进行：Photoshop中的图层菜单下面有一个名叫"智能对象"的项目，在其弹出的子菜单中选择"通过拷贝新

图4.85　数字底片在Photoshop中作为智能对象被打开

▲ Photoshop中的智能对象图层　　▲ 复制智能对象建立新图层

◀ 在Camera Raw中打开的智能对象

▼ 选择低频锐化快照（low-frequency Sharpening）

图4.86　将智能对象在Camera Raw中打开

建智能对象"。这会创建一个智能对象图层副本，你就可以在这个复制的图层中进行一些与原始智能对象图层不同的参数调整设置。仅仅复制智能对象图层是无效的，我们需要的是一个新的智能对象图层。一旦新的智能对象图层建立好，双击图层图标即可在Camera Raw中打开这一图层图像了，如**图4.86**所示。

　　由于已经保存了快照，我就不需要再在细节面板中花时间调整。我只需要选择低频锐化快照（low-frequency Sharpening），Camera Raw会把改动过的渲染存入智能对象图层。

要将两种边缘频率锐化图层混合，需要创建一个图层蒙版。在目前这种情况下，由于低频图像位于图层的顶端，图层蒙版需要位于底部的高频图层开启显示。图4.87所示为图层蒙版的绘制区域以及最终的图层状态。图像中红色的区域，就是在低频图像中会被隐藏的部分。

▲ 将含有图层蒙版的图像开启为可见

▲ 图层面板中叠加的图层

图4.87　用于隐藏低频锐化图层的图层蒙版设置

掌握混合边缘频率锐化的技巧，就是可以将两种优化的锐化和减少杂色设置混合搭配使用，而其本身仍体现Camera Raw中的RAW格式文件编辑能力。将Lightroom、Camera Raw和Photoshop这3种软件混合搭配使用，使其发挥各自的优势，才能真正做到优化图像细节。**图**4.88所示为高频锐化图层以及混合锐化图层结果对比。

◀ 高频锐化的结果

◀ 混合频率锐化的结果

图4.88　高频锐化与混合频率锐化结果对比

英格兰西南部多塞特郡的科夫堡，天空部分是合成进去的，这一处理流程我将会在5.4节中讲解。拍摄这张照片我使用的相机为飞思645DF搭配P65+数码后背，以及一支75-150mm镜头，感光度设置为ISO 100。

■ 第5章

使用 Photoshop
修出完美照片

　　你知道为什么 Photoshop 是一个巨大的成就吗？因为现实太无聊！有了 Photoshop，你可以通过修补、合成或是使用众多种类的计算机操作方法改变现实，如将多张照片合成为全景照片，将多张照片合成为高动态范围照片（HDR），或是将多张照片叠合成为巨大景深的照片，等等。所有这些操作都改变了你所拍摄的现实——如果控制得当，这一切可以变成很美好的事情（用于良好的目的）。

　　本章内容就是关于 Photoshop 的，但是不会涉及 Photoshop 中的每个方面。我会按照我处理数字底片的方式，按照一定的基准线将图像操作归纳分类集中讲解。某种程度上可以说，对于得到一张照片而言，Lightroom 和 Camera Raw 就足够好了，不过在这些之后，你还需要部署 Photoshop，以完善你的杰出作品。那么，请系紧安全带——接下来的将是飞车之旅！

5.1　将照片导入 Photoshop

如果使用过 Bridge 和 Camera Raw，那么对你而言，把照片导入 Photoshop 相当容易了：只需单击 Camera Raw 中的"打开图像"按钮，然后照片就在 Photoshop 中了，而且带有由 Camera Raw 工作流程选项确定的属性。

如果你使用的是 Lightroom，那么有多种方式可以将照片导入到 Photoshop。一种方式就是导出照片，然后将照片用 Photoshop 打开，如**图5.1**所示。

导出对话窗口中有若干个控制项目可以确定数字底片在 Photoshop 中以 RGB 图像的方式渲染的参数。你可以在此对即将输出的文件的一些基本属性进行设定，如存储格式、色彩空间、压缩及位深等，另外还包括文件的命名、图片尺寸以及渲染文件包含怎样的元数据。

为了让工作更有效率，你可以创建一个自定义的用户预设，将所有的参数都存储进预设。在**图5.1**所示截图中，我所做的就是上述设置。另外，勾选"添加到此目录"和"添加到堆叠"这两个选项，会确保渲染过的照片还会被导入到 Lightroom 中，并且会和原始数字底片堆叠在一起——这样做将会非常有利于组织管理数字底片和与其对应的渲染照片。

图5.1　Lightroom 导出对话窗口，"导出后"下拉菜单中包含在 Adobe Photoshop 中直接打开照片文件的选项

一旦单击了"导出"按钮，Lightroom就会渲染文件，并且将渲染过的文件保存到磁盘，然后将文件在Photoshop中打开，以便进一步的编辑。如果你在Photoshop中打开多个照片的话，那么这一设置将会很有用。而如果你只是要在Photoshop中打开一个照片文件，或是使用Lightroom中"照片"菜单里"在应用程序中编辑"下的弹出菜单，那么还有一个更有效率的方式。**图5.2**所示即为"在应用程序中编辑"菜单中的选项。

将照片从Lightroom转到Photoshop中的最简单的方法是按Command+E组合键（Mac系统）或Ctrl+E组合键（Windows系统）。需要提醒的一点是：在Lightroom中，首选项的"外部编辑"标签中规定了软件如何渲染照片。在我的弹出菜单中有Photoshop CS5.1是因为我已经将其存储为"其它外部编辑器"的预设了。**图5.3**所示为外部编辑栏目的设置。

如果你还有其他第三方的图像编辑软件，也可以把它们存为预设，就像我把Photoshop CS5.1存为预设那样。我有Photoshop CS5.1，因此我可以测试Lightroom 4、Photoshop CS6及Photoshop CS5之间的兼容性。不过一般来说，

图5.2　"在应用程序中编辑"子菜单下，单独照片和多张照片编辑的选项

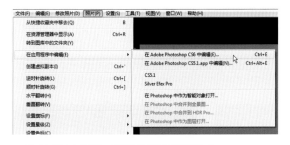

▲ "在应用程序中编辑"子菜单下的单张照片编辑选项

▲ "在应用程序中编辑"子菜单下的多张照片编辑选项

图5.3　"首选项"对话框中的"外部编辑"标签

注释: 理解Camera Raw和Lightroom版本之间的关系，如第2章中所述，是很有必要的。理想的情况是，保持Camera Raw和Lightroom之间一致的兼容性，这可以使Lightroom和Photoshop能够发挥最优的协同处理能力。

我只在CS6中编辑照片。

5.2 Photoshop中的典型编辑操作

　　在本节中，我会举一些例子来讲解照片从Lightroom到Photoshop中的一些典型编辑操作，其中的一些步骤是我经常会用到的，优化照片使用的并非Lightroom或Camera Raw中的精确调节工具。本节中我用作示范的照片拍摄于美国拱门国家公园，这是一张日出时的法院大楼塔的照片（没错，我是摸着黑过去的），使用了一台飞思645DF相机配一支45mm镜头以及P65+数码后背。**图5.4**所示为在Photoshop中编辑之前的这张照片，而最终的堆叠图层为不同的校正图层。

　　关于Photoshop中的图层使用，有必要强调如下一些注意事项。

- 学习养成一个规范操作的习惯，即为设置的每个图层（以及通道和路径）命名。像"图层1"这样的名字在经年累月之后不会为你提示什么有用的信息。
- 将用于锐化和润饰的像素图层置于底部，将用于颜色和色调调整的图层置于顶部。这样的操作习惯在使用调整图层的时候会显得更加重要，我会在之后详细讲解。

图5.4 原始照片以及在 Photoshop中编辑的最终的 图层堆叠结果

▲ 在Photoshop中编辑之前

▶ 最终的图层面板及图层堆叠

■ 使用图层组将不同类型的图层分开。在**图**5.4所示截图中，只有一种图层类型，因此我把它们放在了一个图层组中，并将其命名为"图像调整"。

你可能注意到了，我将一个蒙版图层置于两个像素图层之上，蒙版用于调整天空。这一图层是我使用色彩范围选取工具创建的。

5.2.1 色彩范围选取工具

色彩范围选取工具在Photoshop的"选择"菜单里。使用色彩范围的时候，在照片上移动鼠标指针，然后单击选择一个照片中的颜色。可以使用加和减滴管来加减颜色，也可以使用键盘上的快捷键Shift+单击以增加颜色，使用Option键+单击（Mac系统）或是 Alt键+单击（Windows系统）来减少颜色。也可以按住Option/Alt键，然后单击并在照片上拖曳，来立刻增加或减少颜色。

颜色容差滑块扩展或约束选取工具的敏感度。通常情况下，当我要选取一个较为独立的颜色和色调时，我会设置一个较低的颜色容差。软件工程师们在Photoshop CS6中添加了检测人脸的功能，不过只有当你开启了"本地化颜色簇"选项的时候，才可以开启"检测人脸"，当用鼠标单击的时候，颜色的选取会被约束在鼠标指针附近的一个本地化的区域内。另外，还可以将选区反向，我就经常这么用。**图**5.5所示为我使用色彩范围选取工具创建选区最常用的操作步骤。

我一共用了3个Shift键+单击确定了最后的颜色选区。我的目的是要制作天空部分的蒙版，因此我应用了反向功能。当选区确定，我在选择菜单中使用"存储选区"命令，将选区作为一个通道存储下来。在这张照片中，天空很容易被选取出来。然而有时候，使用色彩范围选取所需的选区并不容易，需要对已选取的选区在通道里进行修改。我将会在5.4节中详细介绍。

小贴士：如果只需要用色彩范围工具对照片中的一小部分进行选取，可以在使用色彩范围工具之前，先用选取框工具或套索工具预选取一个区域，之后在预选取的区域之内进行色彩范围选取。

图5.5 使用色彩范围工具创建选区。

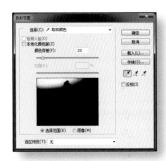
▲ 首先单击天空部分

▲ 然后按住Shift键增加选区范围

▲ 继续按住Shift键调整敲定最终的选区范围

▲ 开启反向选项

5.2.2　创意渐进锐化

注释： 我是在为一个朋友修复他的照片的时候发现这一处理方法的，我朋友的那张照片失焦了。他为那张拍失焦的照片感到沮丧，于是我开始针对那张照片做各种试验、各种设置，最终找到了这种累加多重锐化，逐级渐隐的方法。理想情况下，可以把这种渐进式锐化创建成一个 Photoshop 动作，那样的话，只需要按一下按钮就可以执行这一系列操作了。

我在 Lightroom 里已经对这张照片进行过锐化处理了，不过我认为这张照片还需要进一步的锐化处理，于是我对照片进行了被我称为"渐进锐化"的处理：多重的 USM 锐化插件应用配合 Photoshop 的"渐隐"命令处理。锐化的第一步是对背景图层做一个复制。可以在"图层"菜单中通过"复制图层"命令操作，也可以在图层面板中将背景图层拖曳到"创建新图层"按钮上。**图**5.6 所示为复制的背景图层副本，相当于 USM 锐化滤镜对话窗口和渐隐命令。

我将背景副本图层设置为"明度"混合模式，使锐化处理只针对图像的明亮度数据，并且将不透明度调低为50%。由此开始的一系列锐化步骤将会生成真正意义上锐化的图像，那么很可能的情况就是，你会不断应用更低设置的"不透明度"。当 USM 锐化滤镜被第一次应用之后，我启动了编辑菜单中的"渐隐"命令，以此降低实际滤镜应用的不透明度。这一步的设置很重要，因为要通过多重步骤来实现效果，而100% 的多重锐化设置很可能会毁掉这张照片。

在这点上，可以说我的操作基本没有伤害照片表面。为了实现最终的效果，我不断应用渐进的 USM 锐化，并逐渐降低数量设置，提高半径设置。操作步骤如下。

- 数量 500%，半径 0.3，渐隐到20% 的不透明度（第一步如图5.6所示）；
- 数量 300%，半径 0.6，渐隐到20% 的不透明度；

图5.6　渐进锐化起始步骤

▲ 背景图层复制

▲ "USM 锐化"对话框

▲ "渐隐"对话框

- 数量 200%，半径 1.0，渐隐到 20% 的不透明度；
- 数量 100%，半径 5.0，渐隐到 20% 的不透明度；
- 数量 50%，半径 10，渐隐到 20% 的不透明度；
- 数量 25%，半径 25，渐隐到 20% 的不透明度。

通过逐步的不同数量和半径设置的锐化叠加，我实现了最终的理想的锐化效果，这样的结果是单独的 USM 锐化应用所无法代替的。

还有一步需要操作：将图层蒙版应用到锐化的图层上去，在已选取的范围中做出锐化调整。**图5.7** 所示为将蒙版图层修改命名为"渐进锐化"图层，以及"图层样式"对话框。

为了避免照片中的暗部和亮光区域出现过度锐化现象，我将锐化范围限定在高光和阴影之间的区域，锐化处理就不会应用在这些区域了。最简单的方法就是在"图层样式"对话框中的"混合颜色带"中做出调整设置。在 Photoshop 的"图层"主菜单中选择"图层样式"下的"混合选项"即可打开图层样式对话窗口。还有一种绕过菜单导航的简便方式：直接在图层面板中的图层图标上双击。

在"图层样式"对话框中，可以在"常规混合"选项中调整混合模式和不透明度，不过我想要调整的方式是渐进锐化混合进背景图层。这一调整是在窗口底部的"混合颜色带"中完成的。

"混合颜色带"设置是告诉 Photoshop 软件，上层的图层中怎样的色阶会

小贴士：如果你之前从未如此操作过，那么请放心大胆地尝试一下吧——操作过一两次之后，你就明白是怎么一回事了。

图5.7 修改图层和图层样式选项

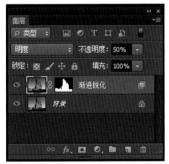

▲ 将蒙版图层重新命名

▶ "图层样式"对话框

▲ 锐化之前　　　　　　　　　　　　　　　　　▲ 锐化之后

图 5.8　渐进锐化应用前后效
果对比

被混合入下层图层。在这一图层部分，我把滑块调整设置为锐化只被应用于色阶50（左端）和色阶200（右端）之间。完成这一设置需要一个键盘命令来分离色阶指标。按住Option键（Mac系统）或Alt键（Windows系统），同时拖曳色阶指标分别向左或向右移动，即可分离色阶指标。这样做就是告诉Photoshop，渐进锐化图层中位于色阶0～50的部分和200～255的部分将不会被混合。这样的设置渐隐了混合效果，使得极端的高光和阴影区域不会受到完整数量的渐进锐化图层混合。**图**5.8所示为在Photoshop中以100%比例显示的照片局部，渐进锐化图层应用前后的效果对比。

　　渐进锐化可以有效提升照片的质感和细节，不过也有可能导致局部过度锐化问题的发生。这就是为什么我总是建议降低图层不透明度，并且在使用图层蒙版的时候调整锐化选区。如果你发现照片中某个部位出现锐化损伤的问题，在图层蒙版中调整选区即可。

5.2.3　中间色调对比度调整

　　在Lightroom和Camera Raw中，我常调整清晰度，不过对于中间色调对比度而言，使用清晰度的时候只有一个调整参数：数量。在Photoshop中，关于这一调整则有许多控制参数。为了演示在Photoshop中调整中间色调对比度的过程，我们首先要把照片弄得难看一点，之后再通过调整让它变好看。这一处理过程和渐进锐化有些相似：复制背景图层，然后将背景图层副本的混合模式设置为"叠加"。"叠加"模式是一种程序性的混合模式，中性灰以上的色阶被以"滤色"模式混合，而中性灰以下的色阶被以"正片叠底"模式混合（参见"神奇的混合模式"边栏）。**图**5.9所示为复制的背景图层被设置为"叠加"混合模式。你会发现叠加混合后的照片对比度跳跃了很多。不过别担心，我会教你如何摆平这样的问题！

应用了高反差保留滤镜以后，照片看上去就会好一些了，"高反差保留"位于滤镜主菜单中的"其它"菜单中。高反差保留滤镜会搜索照片中的边缘。高反差保留（高通滤波器）这一名称实际上来自于电子领域——这是一种可以让高频电波通过，同时会减弱较低频率的电波的滤波器。Photoshop中的高反差保留滤镜则会在保留边缘的同时，将非边缘区域（表面区域）变成平坦的中性灰。其半径值控制的是边缘两边减弱发生区域的范围大小。当这一滤镜被应用在叠加混合过的图层时，实际上相当于一个锐化处理的滤镜；当设置较小的

图5.9　背景副本被设置为叠加混合模式

图5.10　高反差保留滤镜的调整设置

▲ 半径设置为10个像素

▲ 半径设置为100个像素

▲ 半径设置为30个像素

半径值时，它就是一个锐化滤镜。我使用这一滤镜的时候设置了一个较高的半径值。**图5.10**所示为高反差保留滤镜的3种半径值设置效果。

当半径设置为10个像素的时候，边缘两侧只有10个像素范围的区域会被保留。低频区域会变成灰色。10个像素的设置太薄弱了，会导致处理效果比局部对比度调整更锐化的效果。当设置为100个像素的时候，波及范围又太广了，且不会提升中间色调的对比度细节，最后我选择应用30个像素的设置。100个像素的半径值设置和Lightroom和Camera Raw中的清晰度调整很相似。通常我会把半径值设置在20～80个像素的范围内，不过也不绝对，要具体情况具体分析。这也是在Photoshop中调整中间色调对比度会比在Lightroom和Camera Raw中设置清晰度更灵活的一个原因。

由于顶部的图层被设置为叠加混合，照片中的低频区域转变为灰色，而混合模式只是让这些区域通过，并未改变效果。在有边缘的位置，边缘区域亮的一边变得更亮，而暗的一边变得更暗了，这就是典型的USM模糊蒙版型过滤。让中间色调的对比度升高的关键在于，将"混合颜色带"选项设置为混合只应用于图像中的中间色阶区域。我在"图层样式"对话框中调节了"混合颜色带"滑块。**图5.11**所示为混合选项设置。

要找到准确的设置数值并非十分苛刻。重要的是避开不利的色阶影响，就是不要让滤镜影响到阴影和高光。我设置的结果使得混合效果发生于色阶100和色阶150之间（略微偏向中间调上部）。在色阶50以下或200以上，则没有

注释：USM 锐化（直译意思为模糊蒙版——译者注）滤镜概念源自于胶片时代的传统暗房工艺，做法是将原始底片翻印一张模糊（非锐化的）的副本作为原始底片的蒙版。二者叠加之后放大出的照片会产生锐度增加的效果。

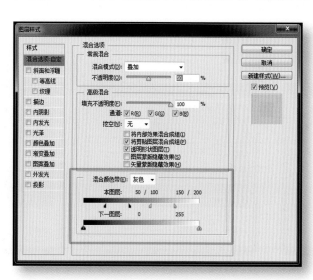

图5.11 调整"混合颜色带"滑块，使效果集中在中间色调区域中

混合效果发生。稍后我会展示中间色调对比度的调整效果，现在先来展示一下徒手绘制的，而非使用滤镜完成的一系列中间色调对比度调整。我的好朋友兼同事迈克·霍尔伯特（他教会我这一技巧）称之为"雕塑法"。

5.2.4　雕塑法

雕塑法和中间色调对比度调整有些相似，叠加的混合模式里，比中性灰亮的任何区域都被应用为滤色模式混合，而比中性灰暗的区域都被应用为正片叠底模式混合。这一应用并非针对照片的一个副本，而是针对一个布满灰色的图层，在这一图层，使用画笔工具用黑白方式绘制。

首先，新建一个空白图层，按50%的灰色填充，并设置其混合模式为"叠加"。但是这一图层实质上是一个空白图层，画面上什么内容都没有。当你用白色在已混合为灰色的图层上绘制时，即提亮了照片；当你用黑色绘制时，即压暗了照片。如果你想淡化这两种效果，可以用50%的灰色来绘制。做出局部的减淡或加深的效果（相当于提亮和压暗）是一种相当有技术含量的操作，它们来自于传统暗房工艺。**图**5.12所示为我绘制的雕塑法图层，以及照片中右侧塔楼基础部分的局部细节。

在图层样式的混合选项中，我这次的设置和之前**图**5.7中是一样的。**图**5.12所示为中性灰填充的区域（效果没什么变化），以及局部比中性灰亮一些和暗一些的区域。比中性灰亮一些的区域，叠加模式混合会应用滤色模式混合，而比中性灰暗一些的区域被应用为正片叠底模式混合。（参见"神奇的混合模式"

图5.12　雕塑法图层及其细节

▲　完整的雕塑法图层

▲　雕塑法图层细节

▲ 处理之前　　　　　　　　　▲ 中间色调对比度调整之后　　　　　　　　▲ 雕塑法调整之后

图5.13　在 Photoshop 中 100% 显示，处理前后效果对比

边栏中关于图层混合的内容。）

我使用这种雕塑法图层是要加强照片的色调以及质感特征，从而为照片添加一种纵深感和立体感。**图**5.13 所示为照片在中间色调对比度调整之前，以及在中间色调对比度调整和雕塑法调整之后的效果对比。调整之后的效果得以累积和增强。

5.2.5　饱和度和颜色图层的修改

我打算把这两个按混合模式调节的图层合并起来，因为它们从理论上讲是一样的，只是调整和混合方式上有所不同。如果回过头去看**图**5.4，会发现这两个图层：一个叫作"饱和度"，另一个在它上头，叫作"颜色"。这两个名字反映了每个图层被设置的混合模式名称，以及我想要调整照片的哪个方面。**图**5.14 所示为图层面板中，这两个图层的图标的较大比例显示的样子。

为了更好地理解基于饱和度的调整过程，我选择了一个鲜艳的绿色来演示照片图层中颜色饱和度升高的区域。可以选用任何一种饱和的颜色来演示，因为图层混合的只是饱和度的信息，而不是颜色本身。你可以看到有些区域有灰色。灰色被选用，是因为它是一种完全不饱和的颜色，会降低照片的饱和度。为了调整清晰度，我把 Photoshop 首选项设置中"透明度与色域"中的"网格大小"设置成无。透明图层默认显示的网格容易让人误会，甚至可能会引发输出打印时候的问题，因此当你看到白色的图层时，请想象它是透明的。

在一个单独的图层中，能够来回调整混合的饱和度多一些或少一些，这很省事。如果使用调整图层完成同样的效果，需要使用两个单独的调整图层，然

图5.14　以饱和度和颜色为基础的校正设置

▲ 以饱和度为基础的校正　　　　　▲ 以颜色为基础的校正

▲ 调整之前的照片局部　　　　　▲ 饱和度调整之后的照片局部　　　　　▲ 饱和度和颜色调整之后的照片局部

图5.15　"饱和度"和"颜色"图层调整结果与调整之前的对比

后在两个图层间跳来跳去地修改图层蒙版，设置加和减饱和度设置。

对于"颜色"图层，混合模式只改变照片的颜色（色相和饱和度）。打个比方，我想要冷化照片中阴影的区域，我可以用冷调的颜色绘制。**图**5.15中所示为"饱和度"和"颜色"图层调整结果与调整前的对比。

调整前后效果的区别是细微的，但却很重要。在调整之前的照片中，有些区域需要更多的饱和度，于是我绘制了饱和度图层。然而，我想要冷化阴影部分，于是我用冷调的颜色绘制了阴影区域。最终的结果是，有些区域的饱和度提升了，同时有些区域色调变冷了，实现了我想要调整出的日出时分的影调效果。

神奇的混合模式

Photoshop中的混合模式，是在使用画笔类型工具以及混合两个或多个图层的时候，修改颜色和色调混合方式设置用的。为了理解混合模式的工作原理，有必要了解以下条目。

- 基础颜色：照片中原始的未经混合过的颜色（和色调）。
- 混合颜色（和色调）：被混合的颜色。
- 结果颜色：混合后最终的新颜色（和色调）。

混合模式有很多种类，其中有些我既不理解也不用。我集中讲解的是在Photoshop中处理数字底片时最常用的混合模式。**图5.16**所示为"图层样式"对话框中完整的混合模式列表，画笔类型的工具包括画笔工具和仿制图章工具，另外还包括修复画笔工具。

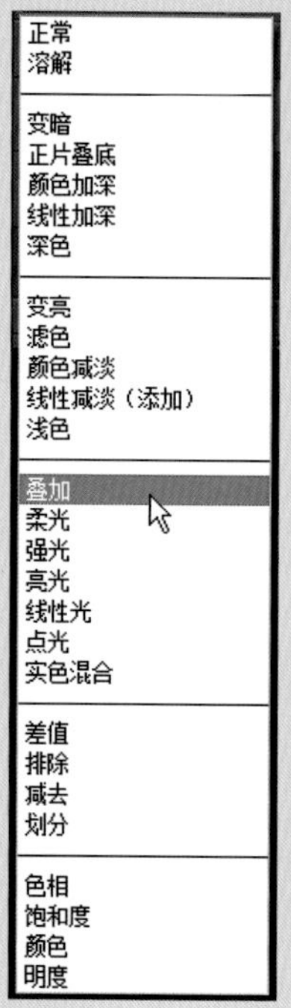

```
正常
溶解

变暗
正片叠底
颜色加深
线性加深
深色

变亮
滤色
颜色减淡
线性减淡（添加）
浅色

叠加
柔光
强光
亮光
线性光
点光
实色混合

差值
排除
减去
划分

色相
饱和度
颜色
明度
```

图5.16 图层面板混合模式下拉菜单

以下是我理解其含义并经常使用的一些混合模式。

- "正常"模式：编辑或绘制每个像素，使其变成结果颜色。这一模式是混合模式默认的模式。
- "变暗"模式：查看对比每个通道中的颜色，然后选择基础颜色或混合颜色中较暗的一个——无论前者还是后者，将其作为结果颜色。比混合颜色亮的像素会被替换掉，比混合颜色暗的像素则不会发生变化。
- "正片叠底"模式：查看每个通道的颜色信息，然后将混合颜色正片叠加到基础颜色上。结果颜色一定是一个较深的颜色。如果和黑色发生正片叠底的话，产生的就只有黑色；而如果和白色正片叠底，则不会对原来的颜色产生任何影响。
- "颜色加深"模式：查看每个通道的颜色信息，然后加深基础颜色，通过增加底层的对比度来反映混合的颜色。与白色混合没有效果。
- "变亮"模式：查看对比每个通道中的颜色，然后选择基础颜色或混合颜色中较亮的一个——无论前者还是后者，将其作为结果颜色。比混合颜色暗的像素会被替换掉，比混合颜色亮的像素则不会发生变化。
- "滤色"模式：查看每个通道的颜色信息，反向正片叠底混合颜色和基础颜色。结果颜色一定是一个较淡的颜色。与黑色进行滤色混合的话，原有颜色不发生变化；与白色混合的话，产生的只有白色。这种效果类似于多张幻灯片连续放映切换时，每张的顶部出现的现象。
- "颜色减淡"模式：查看每个通道的颜色信息，然后减淡基础颜色，通过减少底层的对比度来反映混合的颜色。与黑色混合没有效果。

■ "叠加"模式：进行正片叠底模式还是滤色模式混合，取决于基础颜色。图案或颜色会被混合，但基础颜色的高光和阴影部分会被保留。基础颜色不会被替换，但是在混合颜色被混合的时候，原始颜色的亮部或暗部会被反映出来。

■ "柔光"模式：这是叠加模式的一个变种，也会加深或减淡颜色，但是取决于混合颜色。如果混合颜色比50%的灰色淡一些，照片会被提亮；如果混合颜色比50%的灰色深一些，照片会被压暗。其效果会比"叠加"模式弱一些。

■ "强光"模式：这也是叠加模式的一个变种，也会用"正片叠底"或"滤色"两种模式混合颜色，但是取决于混合颜色。如果混合颜色比50%的灰色淡一些，照片会被提亮；如果混合颜色比50%的灰色深一些，照片会被压暗，仿佛就是正片叠底模式。这种效果会比"叠加"模式更强，更显著。

■ "亮光"模式：通过提高或降低对比度来加深或减淡颜色，取决于混合颜色；如果混合颜色比50%灰色深，这种模式会通过提升对比度来压暗照片。

■ "线性光"模式：通过提高或降低亮度来加深或减淡颜色，取决于混合颜色。如果混合颜色比50%灰色亮，这种模式会通过提升亮度来提亮照片；如果混合颜色比50%灰色暗，这种模式会通过降低亮度来压暗照片。

■ "点光"模式：替代基础颜色，取决于混合颜色。如果混合颜色比50%灰色亮，比混合颜色暗的像素会被替代掉，而比混合颜色亮的像素则不受影响；如果混合颜色比50%灰色暗，那么比混合颜色亮的像素会被替代掉，而比混合颜色暗的像素则不受影响。

■ "色相"模式：基础颜色的明亮度及饱和度保持不变，基于混合颜色的色相创建一种结果颜色。

■ "饱和度"模式：基础颜色的明亮度及色相保持不变，基于混合颜色的饱和度创建一种结果颜色。在此种模式下，用没有饱和度的颜色（灰色）绘制，结果将没有变化。

■ "颜色"模式：基础颜色的明亮度保持不变，基于混合颜色的色相和饱和度创建一种结果颜色。

■ "明度"模式：基础颜色的色相和饱和度保持不变，基于混合颜色的明亮度创建一种结果颜色。这种模式与"颜色"模式是效果相反的模式。

掌握这些混合模式最容易的方法就是实际地使用它们。如果你不想把所有模式都挨个试验的话，我建议不妨集中精力体验这几个模式：正片叠底、滤色、叠加、柔光、色相、饱和度、颜色及明度。

5.2.6 蓝边修复

摄影中有一个常见的问题，就是拍摄时如遇到互补色挨在一起，交界的部分容易混合成白色。这并非数码摄影的专属问题，不过由于以边界处理为基础的锐化应用，使得这一问题变得严重了。（在胶片时代，这一问题也存在，只是没有那么明显罢了。）即便我在Lightroom中的细节面板里设置都正确，并且渐进锐化的蒙版挡住了蓝色的天空与橙色的岩石之间的边界，照片中天空与岩石交界的部位依然存在明显的一条白色的晕圈现象。真正能够解决这一问题的唯一办法就是，使用仿制图章工具，手动清除这条白边。**图5.17**所示为照片在修复前后的效果对比。

我猜想你可能会有一点怀疑，那白色的边是否是一种过度锐化的副产品，为此我特地留了这张照片尚未经过Lightroom里任何锐化处理的时候的一张截

图5.17 4:1比例显示下，蓝边修复前后效果对比

▲ 照片在Lightroom中按4:1比例显示，所有锐化关闭

▲ 照片中选区激活，使用仿制图章工具修复

▲ 蓝边修复后的照片

图。可以看到照片里白边沿着岩石的轮廓分布，而白边是蓝色和橙色混合的产物。这是当一对互补色相邻的时候会产生的问题。你会发现这条白边的颜色介于洋红和绿色之间，或是红色和青色之间。虽然这张照片里没有任何一种纯的加法三原色或减法三原色，但是白边就是出现了。

为了去除这条白边，我在天空的通道使用选区反向，这样天空部分的选区被激活了，而岩石部分被保护起来了。我使用仿制图章工具沿着岩石轮廓操作，去除白线。没错，我只能手动操作，一点一点地完成，着实乏味漫长。不过这张照片值得如此投入精力。(可没人说过Photoshop里的活儿是轻松的。) **图5.18** 所示为这张照片的最终调整结果。

你可能会好奇，是否我对我的每张照片都做如此复杂的处理呢？或多或少，

图5.18 法院大楼塔照片的最终处理结果

是这样吧，不过还得看是什么样的照片。任何值得花费我宝贵的业余时间在Photoshop中处理的照片，我都会投入精力，绞尽脑汁去处理的。显然，有些照片并不需要上述所有的操作和调整，每张照片的情况都不太一样。不过，老实说，我会定期地演练这些应用或更多其他的实践。

5.3 修补润饰工作

我的职业历程起始于广告摄影师的身份，那样的工作对摄影师的技术和天赋有很高的要求——要让所拍摄的产品展现出"完美"的感觉来。不过那是在Photoshop软件问世以前的事，Photoshop软件的出现彻底改变了摄影的本质。今天，摄影师们无需再花费大量的时间准备产品或是设计完美的模型图，以便于能够拍到完美的照片了。现在只需直接拍摄，然后再在Photoshop里修——我觉得这样就够了。

Photoshop有许多强大的工具，这让照片的润饰过程变得太简单了。主要问题来了：润饰要到达怎样的程度？我觉得这取决于谁来付钱。如果你做的是商业任务，你所做的润饰工作是为了满足客户。我很幸运，我不再需要满足客户了——我只需满足我自己，因此我的润饰方式是去除污点，同时保留照片的特征。我会移除一些干扰注意力的细节，然后尽力强化自然的样貌，但是我没必要把照片弄成那种人工感十足的"超级完美"的状态，我需要的只是一种基于现实的自然的提升。

我用来做润饰示范的这张照片拍的是我女儿租来的一把大提琴。这把大提琴是租来的，琴身上有很多裂纹和划痕，所以拍摄结果并不完美。（我还有一个小艺术指导——我女儿，她在视察了我拍的照片后提出了不少批评意见。不过当我做完润饰工作后，她承认我做得"还不错"。）**图**5.19所示为在Lightroom中做完污点去除之后的屏幕截图，以及在Photoshop中做润饰处理之前的照片，最终的图层堆叠显示为润饰和色调、颜色的调整。工作量不小啊！

润饰工作是从Lightroom里的污点去除开始的，这活交给Lightroom做十分轻松，如去除一些感光元件污点、小尘埃、小污点之类的。不过在Lightroom里不能完成所有的任务。在Photoshop里，我将修复一些琴身上的划痕和凹痕，修复一根散开的琴弦，去除琴架，然后将大提琴的局部色调调暗，并调整背景色调——好多步骤。

图5.19 润饰之前的照片以及润饰后最终的图层堆叠

◄ 在Photoshop中做润饰处理之前的照片

▼ 色调颜色调整图层组中的图层堆叠

▲ 在Lightroom中进行污点去除

▶ 润色图层组中的图层堆叠

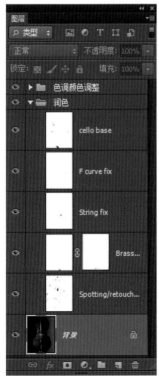

我在一开始的时候将最终的图层堆叠展示出来，是想要说明一下我组织安排图层的思路。在进行润饰操作的时候，我总是把这些图层放置在底部，从来不让润饰图层和色调颜色调整图层混在一起。当使用修复画笔工具和仿制图章工具的时候，我通常会把工具选项中的"样本"设置为"当前和下方图层"模式，这样一来，我进行润饰操作的时候，图层就可以从底部向上堆叠了。如果你把任何调整图层混入润饰图层中，那么它们会受到修复画笔工具和仿制图章工具的影响，从而增加润饰污点。是的，有一个选项可以忽略调整图层，不过这是比较新的一个功能，我还没有形成使用它的习惯。而且，你还得不能忘记把那个选项开启，当你不需要的时候把它关闭。我觉得把润饰图层放在底部的方式还是挺方便的。

我喜欢为每一环节的润饰修补操作设置专属图层。通常我会把基本的润饰和污点去除图层放置在最底部，之上是一个追加的区域润饰图层，这样一来已经润饰修补的结果就可以在以后的步骤中体现出来。

5.3.1 修复画笔工具和仿制图章工具

我倾向于将修复画笔工具和仿制图章工具交替使用，除了一些特殊情况外。修复画笔工具的笔刷光标区域内的处理效果非常好，可以很好地保留细节质地，只是在高对比度边缘附近区域的处理效果不好。因为修复画笔工具的工作方式是侦测笔刷光标范围以外的区域，以此为依据来修复笔刷光标内的区域，当遇到明暗交界的位置的时候，修复画笔工具会发生逻辑错乱，使得结果很糟糕。在这种情况下，我就会使用仿制图章工具了。然而，使用又大又软的仿制图章会搅乱图像中本来的质地细节。因此，我往往会两者配合使用——首先，用仿制图章工具来处理那些修复画笔工具不擅长的地方；然后，用修复画笔工具修复那些仿制图章工具搅乱细节质地的地方。**图5.20**所示为大提琴照片的底部局部，我将这个部位的提琴架去除。它在Photoshop中按100%比例显示。

首先，我用仿制图章工具沿着提琴底部边缘描绘一遍。修复画笔工具不太能应付这种情况。当清除了提琴底部的边缘之后，我转而使用修复画笔工具去除提琴架剩下的部分。这一步骤的操作轻快简单。

另外，我还得修复提琴指板的一个区域。我将显示比例放大到200%，以便于操作。操作修复画笔工具的时候，用Option键+单击（Mac系统）或Alt键+单击（Windows系统）来选取参考源，然后移动画笔到琴弦破损的位置并单击。在选取参考源的时候，Photoshop提供了一个预览的功能，可以以此

小贴士： 在做润饰修复的时候，将照片放大显示可以实现更精确的操作。我在处理一些小细节的时候，往往将照片放大到200%，甚至更大比例。

来和修复目标区域做对比。我发现这一功能很有用，可以很容易地选取参考源，然后将画笔延伸到需要修复的位置。**图**5.21所示为选取参考源，观察选取预览，对齐预览，以及最终修复的笔触位置。

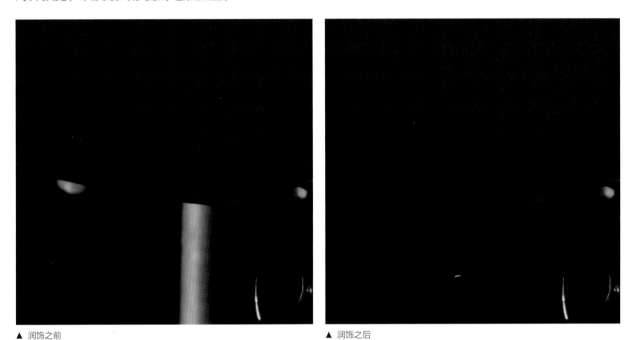

▲ 润饰之前　　　　　　　　　　　　　　　　　　　▲ 润饰之后

图5.20　使用仿制图章工具和修复画笔工具润饰修补前后的效果对比

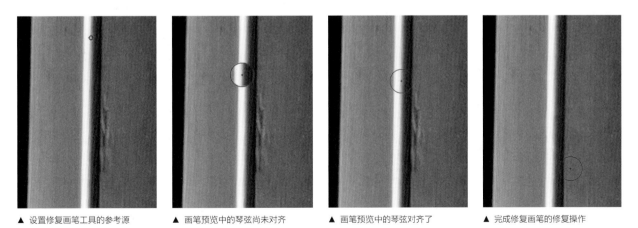

▲ 设置修复画笔工具的参考源　　▲ 画笔预览中的琴弦尚未对齐　　▲ 画笔预览中的琴弦对齐了　　▲ 完成修复画笔的修复操作

图5.21　设置修复画笔工具的参考源，预览对齐位置并最终修复的区域

5.3.2　复制与粘贴式的修补

　　有时候，使用仿制图章工具和修复画笔工具效果并不理想。在修复琴弦的时候，复制一小块补丁照片，然后粘贴在新图层里，并移动到需要修补的位置，这种情况下就很容易了。**图5.22**所示为修复琴弦的前后效果对比。

　　在修复之前的这张照片里，我使用了选框工具选取了我想要移动覆盖的区域。在修复之后的那张照片里，我将补丁粘贴进了新图层，并且移动到了需要修补的琴弦开毛的位置。本来我是打算用修复画笔工具来处理那些散乱的红色小纤维的，不过粘贴补丁的方式效果很棒。这种修补方式的关键在于，选取一块足够大的补丁，以保证能够将需要修补的区域完全盖住。有时，在复制补丁之前，需要将选区羽化处理一下，以确保补丁在粘贴之后能够和背景完全融合。这种情况下，切记不要过度羽化！我使用0.8像素的羽化来确保复制一粘贴边缘线看不出来。

　　接下来，我打算修复的是大提琴底部的黄铜端销座曝光过度的部分。老实讲，我应该在之前的Lightroom阶段里用调整画笔工具做局部调节的，可惜我没做。我当时并未注意到那黄铜零件的曝光过度并且高光细节丢失的情况，直

图5.22　照片中开毛的琴弦部分在使用复制—粘贴法修补之前之后的对比

▲　修补前，选取需要复制的区域

▲　将补丁粘贴到新图层上并移动到修复位置之后的效果

▲ 复制—粘贴之前

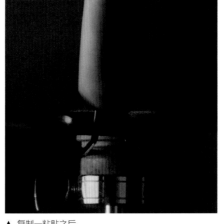
▲ 复制—粘贴之后

图5.23 从单独专门处理的照片中选取补丁复制—粘贴

到我在润饰琴架的时候才发现。我发现这问题的时候，黄铜零件部分的颜色已经是溢出的了。而此时我已经开始了照片的润饰工作，翻回去重来一遍就太麻烦了。但是，我知道我可以重新在Lightroom里导入这张照片，只是调整修复这一小块区域，然后在Photoshop里打开修复过这小块区域的照片，并将这一小块复制粘贴到正在润饰修补的照片上。**图5.23**所示为这张照片在经过复制—粘贴补丁修补前后的效果对比。

我在Lightroom里所做的首当其冲的调整是调低高光和白色色阶滑块，以此恢复黄铜零件高光区域的细节质感。不过这也会压暗木质琴身一些，而我认为之前的琴身部分太亮了。我在Photoshop中第二次打开照片，然后用选框工具选取重新处理过的提琴底部的区域，再使用移动工具，将所选区域拖曳到原始照片上，拖曳的时候，按住Shift键，以将新照片中修复过的区域拖到底层照片的对应区域。我使用图层蒙版来将新选区和旧选区混合。我所做的"拖曳与放置"并非"复制与粘贴"——不过二者异曲同工，效果相同——虽然两种方式在操作上有一点轻微的区别（参见边栏）。

5.3.3 使用画笔润饰

使用仿制图章工具和修复画笔工具或者复制与粘贴的方法来进行照片的润饰修补，有时候处理结果不够完善。画面中有曲线的区域就有可能很难办。在许多种情况下，解决这类不足问题最简易的方法就是使用画笔工具绘制。照片中大提琴右侧的 F 孔的位置，沿着开孔边缘有条高光看起来不太好。我不敢肯定这是否是由于之前的调整处理步骤产生的现象，使得高光区域色阶不连续，不过这问题是显而易见的，必须处理。若是使用修复画笔工具或仿制图章工具来修复这一问题就有点困难了，不过使用画笔工具就简单多了。首先我建立了一个新的空白图层，使用钢笔工具沿着高光区域边缘曲线绘制路径，然后我在画笔选项中选择了描边路径。操作步骤如**图** 5.24 所示。

绘制完路径段落后（路径不需要连续绘制），我将画笔设置为非常小的 2 个像素的笔触大小，然后用吸管工具在高光位置取样，作为画笔绘制的颜色。激活路径的时候，单击路径面板底部的"用画笔描边路径"图标，也可以在路径面板的路径图标中选择右键菜单里的"描边路径"选项。重新创建 F 孔边缘高光步骤的关键在于轻柔地逐步确定其色调和颜色。

使用画笔工具的时候，通常我会选择很低的不透明度设置，并且设置多种笔触大小来实现最终目的。在这一案例中，我将不透明度设置为 10%，并且逐渐地升高画笔笔触大小，找到合适的高光区域宽度。这一切都做完之后，我会使用橡皮擦工具将绘制的高光区域的首尾部位多余的部分擦掉。最后一步就是

"复制与粘贴"与"拖曳与放置"的操作

当使用"复制与粘贴"以及"拖曳与放置"的操作的时候，Photoshop 有一个独特的设置很有用。默认情况下，如果选择源和目的区域的像素总量是相等的，那么"复制与粘贴"以及"拖曳与放置"的操作中的选择源和目的区域将会对准叠合，只需要按住 Shift 键操作就可以了。

如果选择源和目的区域的像素总量不等，那么"复制与粘贴"遵循如下的规则。

如果照片显示为整幅可见，粘贴对象会出现在目的区域的中心位置；

如果照片的显示比例被放大，粘贴对象会出现在可视窗口的中心位置；

如果目的照片上有一个激活的选区，粘贴对象会出现在激活选区的中心位置。

如果拖曳源和放置目的区域的像素总数不对等，那么"拖曳与放置"遵循如下规则。

如果 Shift 键一直被按住，放置对象会停在目的区域的中心位置；

如果 Shift 键未被按住，放置对象的着陆点将会是放开鼠标左键时，鼠标指针停止的位置。

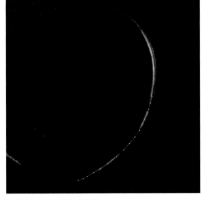

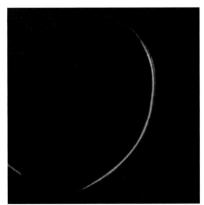

▲ 绘制修复之前的照片局部　　　　　　▲ 照片中显示激活的路径　　　　　　▲ 描边修复之后的照片

图5.24　使用画笔工具润饰修复

为这一绘制图层添加少量杂色了。如果不添加一些杂色，绘制的区域（即便本案例中绘制的区域很小）会看起来过于光滑。选择"滤镜"中的"添加杂色"滤镜选项，将数量设置为4%，同时选择"平均分布"和"单色"选项。

5.3.4　使用路径控制选区

许多摄影师不爱用路径的方式选取选区，这样真有点遗憾，因为路径的方式是创建选区的最精确的方式。我从最开始的时候就使用路径的方式选取选区。回溯到Photoshop的早期版本年代，那时候我们的电脑内存都非常非常小。我的第一台苹果电脑Mac Quadra 950只有64MB的内存。因此，在那个年代里，我们都会尽量把照片文件所占存储空间控制到尽可能小。创建的每个通道都会让文件所占的存储空间增加不少，但是创建路径增加的量则可以忽略不计。因此，起初是出于节省文件所占存储空间的考虑，而我现在已经习惯于创建许多路径来选取选区的方式了。

使用路径的另一个重要的方面在于路径方式的准确度和精度。路径具有亚像素精确度。如果使用钢笔工具非常仔细地绘制一个路径，你可以决定选区的具体范围。通常我在绘制路径的时候，会把Photoshop里照片的显示比例调到至少200%。如果你不知道如何使用路径，那么建议你学习一下。这需要一些实践练习，学会控制路径曲线的贝塞尔曲线方式。

最基本的操作很简单，单击并拖曳即可绘制一条路径曲线，然后再单击则

开始下一个段落的绘制。任何时候，都可以通过按住Command键（Mac系统）或Ctrl键（Windows系统）来调整曲线的控制点。曲线上的控制点都可以调整，调整控制点按贝塞尔曲线变化。然而，如果在按住Command/Ctrl键的基础上再增加按住Option键（Mac系统）或Alt键（Windows系统），将会中断控制点操作，使得整个曲线单独活动。完成路径绘制之后，还可以回过来编辑独立的路径点，如果把路径工具中的"自动添加／删除"选项开启，你可以通过鼠标单击来添加或删除一个控制点。

如果路径工具的"橡皮带"选项为开启状态，那么尽管开着好了。这一功能会让路径绘制变得容易许多，因为当你绘制路径的时候，一个曲线线段就被添加了，可以帮助你找到下一个路径点放置的合适位置。**图5.25**所示为"橡皮带"选项的位置。这位置相当隐蔽，我无论如何也理解不了为什么这一功能被默认设置为关闭——它可以使钢笔工具变得容易很多。

最后的调整步骤是使用调整图层来做色调和颜色的校正。调整幅度最大的是要压暗大提琴左侧的背景，另外完全去除提琴右侧背景颜色的饱和度。我是从沿着大提琴轮廓绘制路径开始的。然后我以大提琴外缘轮廓为基准设置为选区，并且修改大提琴轮廓通道的副本。**图5.26**所示为上述的一系列操作步骤示意，首先是以大提琴轮廓边界绘制的路径，然后是将选区保存为一个通道，以及两个修改过的通道，分别选取的是左侧和右侧的背景区域。

如果翻回去查看**图5.19**，你会发现我创建了两个调整图层来调整背景。我使用了一个曲线调整图层来压暗提琴左侧的背景。早在拍摄的阶段我就已经试图通过柔化布光来压暗背景，不过要想让拍出的背景彻底全黑有点难，我知道如果是

图5.26　将路径变为通道，并作为调节图层蒙版来修改

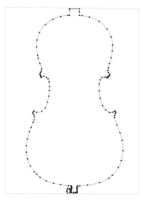

▲ 大提琴轮廓路径

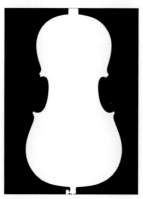

▲ 将路径变为选区，并保存为一个通道

▲ 轮廓通道的一个副本，用作提琴左侧背景的修改

▲ 轮廓通道的一个副本，用作提琴右侧背景的修改

在Photoshop里完成这一任务就会非常容易。另外，我还创建了一个"色相/饱和度"图层来去除大提琴右侧背景中的所有颜色。我在Lightroom中设置白平衡的结果导致背景中含有少量黄色——在Photoshop里搞定这一问题就是小事一桩了。

我还设置了一些其他的色调调整。我在调整图层里消除大提琴色调里的斑点，将较亮的色调压暗，将较暗的色调提亮。我的艺术指导女儿不想让我把所有的斑点都除去，因为她认为这些元素使得提琴具有了"个性"（我不太同意）。我还在提琴的右F孔上绘制了一个路径来压暗它。大提琴照片最终的润饰效果如**图**5.27所示。

图5.27　大提琴照片的最终润饰结果

5.4　多张照片合成

　　自打1992年8月15日开始，我就开始使用Photoshop进行图像处理与合成了。为什么我把这一天记得这么清楚？我在备份磁带中找到我所做的第一张照片后，发现其创建日期是08-15-1992。不得不说，那张照片是一张垃圾照片，的确如此。那是一张为废物管理公司制作的描绘垃圾清除工作的照片，我是在我的工作室里拍摄的。我当时做图像处理使用的是一台租来的苹果电脑Mac IIci，那台电脑内存32MB，硬盘80MB。我工作使用的是一个24MB的扫描文件，处理过程慢得要死——存储照片文件花费了大约30分钟（而且文件中并不包含图层）。当时使用的是Photoshop 2.0.1。我从周五晚上开始忙乎，等我妻子叫醒我的时候已经是周一早晨了——我当时趴在键盘上睡着了。**图5.28** 所示即为这张照片处理合成的最终结果。看，我说过吧，这就是一张"垃圾"照片。

　　这初次的经历让我迷上了数码影像。整个20世纪90年代，我都一直在鼓捣数码影像和商业影像合成的那些事。

　　怀旧到此为止——我们还是让话题回到当下吧。我打算合成的照片是两张

图5.28　我的第一张Photoshop作品，制作时间是1992年8月15日

▲ 科夫堡的照片

▲ 波特兰比尔灯塔的照片

图5.29 用于合成的两张照片

我在英格兰西南部的多塞特郡拍摄的照片。第一张为科夫堡的照片，拍摄于与城堡同名的村子。拍摄时间是下午的晚些时候，拍摄使用了我那台飞思相机及数码后背，配一支75－150mm镜头。这是一张足够好的照片，不过天空中没有云彩（无云天气就当地气候而言并不常见），因此我决定为这张照片添加一些云彩。巧的是，我在拍摄这张城堡照片之前的一天早晨正好在波特兰岛上拍摄了一张波特兰比尔灯塔的照片，而那张照片的光线效果与这张照片一致，并且有非常漂亮的云彩。那张照片也是使用这台飞思相机拍摄的，因此照片的分辨率刚好匹配。**图 5.29**所示为两张原始照片（科夫堡的照片在边缘和底部有过一点裁剪）。

5.4.1 创建合成蒙版

我使用色彩范围工具在城堡照片中选取天空部位作为选区，并将选区存储为一个通道。不过色彩范围选区把城堡区域内的一些小区域也选取进去了。**图 5.30**所示为最初的天空选区通道以及调整之后的通道。

图5.30 使用色彩范围功能选取选区，并将其存储为一个通道，然后调整

▲ 将色彩范围选区存储为一个通道

▲ 需要填充的通道局部

▲ 填充通道经1个像素的高斯模糊处理后的局部

小贴士： 我更愿意使用高斯滤镜来模糊已存储的通道，而不是使用羽化命令来处理激活的选区。羽化命令的底层引擎与高斯模糊滤镜是相同的，因此二者的蒙版功能并无实质区别。当处理的照片为16位的时候，照片、通道和蒙版皆为16位位深。然而，选区则永远只有8位一种精度，而非16位。所以，如果可能，只有在选区被存储为一个通道或蒙版的时候我才愿意对其做出修改。

可以看到用色彩范围选取的选区中，城堡区域里有一些地方也被选取进去了，需要清除掉。我把照片放大显示，然后使用铅笔工具将城堡区域内部不黑的地方涂黑。我发现使用铅笔工具干这件事很容易，因为它不会不小心把边界以外的地方也涂上黑色，就像使用画笔工具常出现的那样。而且，使用铅笔工具涂色很快。最后的步骤是用设置为1个像素值的高斯模糊滤镜模糊处理。

5.4.2　合成照片中的天空

在准备好了天空通道之后，我用复制与粘贴的方式将灯塔照片整个贴到了城堡照片中。之后把天空通道作为一个图层蒙版载入，使用自由变换命令使灯塔照片的尺寸和城堡照片匹配。在操作自由变换的时候，需要将图层蒙版与像素图层的链接取消。**图**5.31所示为链接指示器。要取消图层与图层蒙版的链接，单击链接图标即可。

图5.31　取消图层与图层蒙版的链接

图层蒙版的链接取消之后，我选取了照片图层，然后使用自由变换将灯塔照片的天空调整大小，以适应城堡照片的尺寸。我故意将灯塔照片的天空调整变形，使之透视效果与城堡照片接近，因为城堡照片是用一支75mm标准镜头拍摄的，而灯塔照片则是用一支28mm广角镜头拍摄的。我操作的是天空区域，因此灯塔部分是看不见的。不过，我还得对照片最左侧出现的英吉利海峡的图像做出处理。我觉得在这张照片中，城堡后面的远方出现英吉利海峡还是不妥的，于是我使用画笔工具在图层蒙版中将这一小块水域涂黑，于是城堡照片中原本就有的一点云彩又出现了。**图**5.32所示为上述两个步骤的操作示意。

▲ 使用自由变换命令调整天空大小　　　　　　　　▲ 用画笔工具把英吉利海峡去掉

图5.32　调整天空大小并调整图层蒙版

5.4.3　以明亮度为基础的蒙版调整

　　照片的合成效果看上去不错，不过我还想调整一下灯塔照片中天空部分的色调和颜色。出于这样的目的，我需要以天空照片的明亮度为基础创建一个蒙版。明亮度蒙版对于色调和颜色校正调整非常有用，而且这是我经常使用的调整方式。创建明亮度蒙版，可以通过Command键+单击（Mac系统）或Ctrl键+单击（Windows系统）RGB通道的图标，也可以使用键盘快捷键Command键+Option键+2（Mac系统）或Ctrl键+Alt键+2（Windows系统）。明亮度选区被创建之后，将选区存储为一个通道。我要做的是把通道中的城堡区域移除。而明亮度选区是激活的，我使用"载入选区"命令，在"载入选区"对话框中选择"天空"通道，勾选"反相"，并选中"从选区中减去"选项，如**图**5.33所示。

图5.33　"载入选区"对话框以及所选选项

图5.34 以明亮度调整为基础
的通道和天空明亮度通道

▲ 以明亮度调整为基础的通道

▲ 天空明亮度调整通道

图5.35 最终的通道和图层面
板中所展示的调整步骤

▲ 通道面板

▲ 图层面板

"载入选区"命令操作的结果如**图**5.34所示,以此作为原始明亮度调整通道。
在将天空明亮度通道载入为一个选区之后,我使用曲线调整图层,提亮天
空,并将云彩的颜色微调,使其变暖一些。我还创建了一个额外的通道,作为
一个渐变曲线调整图层来压暗整个天空区域的顶端。之后,我添加了一个色相/
饱和度调整图层来提亮绿草地,最后用一个曲线调整图层来将照片整体提亮一
些。**图**5.35所示为最终的通道面板和图层面板记录。**图**5.36所示为合成照片的
最终结果。

图5.36　科夫堡照片最终合成结果

5.5　在Photoshop中转换黑白照片

Camera Raw和Lightroom都有着出色的彩色照片转换黑白的能力，不过这两种分享同样处理管道的软件也拥有共同的缺点：它们都是全局转换处理，所有的颜色都以相同的方式转换成黑白。虽然对于许多照片而言，这样级别的转换已经足够好了，不过可能还会有一些照片，会让你认为如果有更精确的转换会更好。

所有的数码相机拍摄的都是彩色照片，拍摄每张数字底片相当于拍摄了3种黑白照片。在Photoshop里转换黑白照片的窍门在于，把颜色通道信息当做灰阶图层来调整，并且使用图层蒙版来对全色响应在照片转换成黑白的过程中如何分布做出调整。其实这种操作很容易——尤其是当你把操作记录为一个动作之后，按一个按钮就可以完成了。

从Lightroom或Camera Raw中，在Photoshop中打开一个彩色照片。打开后，在Photoshop的图像菜单中选择"复制"命令，这将生成一个原始照片的副本文件。针对原始照片，选择Photoshop图像菜单中"模式"子菜单中的"灰度"选项。如果这是首次将彩色照片转换为灰度照片，你会看到一个警

▲ 彩色照片副本

◄ 彩色通道面板

▲ 灰阶原始照片

◄ 灰阶通道面板

图 5.37　将彩色照片转换为灰阶照片，并保留一张副本彩色照片

告信息框出现，询问"是否要扔掉颜色信息？"单击"扔掉"。如果你估计会经常做此项操作，也可以单击"不再显示"选项。

　　当原始照片被转化成灰阶图像后，那张原始照片的副本仍是彩色照片。我把彩色的副本照片放在左边，已经转化为灰阶图像的原始照片放在右边（顺序无所谓）。**图** 5.37 所示即为彩色副本照片在左边，灰阶原始照片在右边。

　　在 Photoshop 中，默认的彩色/灰阶转换基本上是将 30% 的红色通道和 60% 的绿色通道以及大约 10% 的蓝色通道相混合的方式。实际上，这是一种基于托马斯·诺尔所做试验而得出的 Photoshop 默认的全色响应。工作用的色彩空间和灰色伽马不同，上述百分比的数值会略有不同，这取决于你对 Photoshop 的颜色设置。我设置的是 ProPhoto RGB，而灰阶工作空间设置为 gamma 1.8，这与 ProPhoto RGB 是相匹配的。

　　现在我们有了灰阶的原始照片和彩色的副本照片，选择彩色照片的红色通道，然后选择全部（Command 键 +A〈Mac 系统〉或 Ctrl 键 +A〈Windows 系统〉），复制红色通道，之后将其粘贴到灰阶照片上。这样一来，红色通道的信息会变成一个带有红色通道明亮度值的灰阶图层。操作步

図5.38 将红色通道复制、粘贴到灰阶照片后成为一个灰阶图层

▲ 彩色照片通道面板，红色通道已被选取

▲ 粘贴过红色通道信息之后的灰阶照片，红色通道色阶成为一个灰阶图层

▲ 粘贴红色通道之后的灰阶照片效果

骤如**图**5.38所示。

　　继续从彩色照片的颜色通道中复制、粘贴绿色和蓝色通道到灰阶照片中去。我的操作顺序是红色、绿色和蓝色，不过顺序真的无所谓，因为最终，你是要使用图层蒙版来决定哪一个颜色通道的色阶被混入灰阶图层。我将所有图层蒙版都隐藏，然后再对图层蒙版操作，设置不同等级的不透明度来混合图层，使其达到最优效果。

　　图5.39所示为灰阶照片的图层堆叠，已将所有颜色通道图层的图层蒙版"隐藏全部"，并且修改每个图层的图层蒙版以实现最终的全色混合。

　　你可能会问为什么在粘贴完所有颜色通道灰阶图层之后，彩色照片还开着不关？我现在来揭晓其中的奥秘：在我的经验中，色彩范围工具在灰阶图像中选取效果并不太好，在彩色照片中效果却很好。我在彩色照片上使用色彩范围工具选取选区，然后将选区从彩色照片上移动到灰阶照片上——按住Shift键拖曳选区即可。因为两张照片的像素总量是相同的，所以在彩色照片上选取的选区对灰阶照片完全适用。这样，就可以在彩色照片上创建选区然后再将其绘制到灰阶图层蒙版上。**图**5.40所示为上述操作过程。

图5.39　将每个颜色通道作为一个灰阶图层粘贴到灰阶照片上，先隐藏所有图层蒙版，然后再绘制图层蒙版

▲ 灰阶图层面板上每个图层的图层蒙版都设置为隐藏全部

▲ 灰阶图层面板上每个图层的图层蒙版都完成了最终的绘制

图5.40　使用色彩范围工具在彩色照片上选取颜色选区，然后将选区拖曳到灰阶照片上用于绘制蒙版

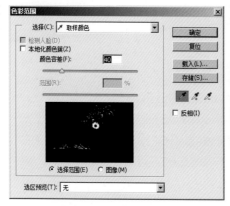

▲ 用色彩范围选取工具选取花朵中的蓝色

▲ 被激活的色彩范围选区

▲ 用Shift键 + 拖曳的方式将选区拖曳到灰阶照片蓝色图层的图层蒙版上，然后将这部分区域的蓝色通道绘制成白色以使其显现出来

通过在灰阶图层上使用图层蒙版，我可以将红色、绿色和蓝色的每个图层中不同的色阶值混合入照片，使其达到最优化的（对我而言）彩色 / 黑白照片转换效果。事实上，这一切并未到此为止——你可以把彩色照片转换到 Lab 模式，然后将明度通道复制、粘贴到灰阶照片上，这样就又增加了一项灰阶选项。然而，我也没忘记 RGB/CMYK 转换过程中有用的方面，你可以使用 CMYK 通道。其实你可以尽管拿自己的照片做试验。

那么，所有以上的努力是否值得呢？**图**5.41 所示为堆叠了不同种类颜色通道灰阶图层以及图层蒙版混合后的效果对比，你可以参考这些效果对比来做出判断。

▲ 基本的彩色 / 灰阶转换结果

▲ 在基本转换结果上混合有红色图层蒙版的效果

▲ 在基本转换结果上混合有红色和绿色图层蒙版的效果

▲ 在基本转换结果上混合有红色、绿色和蓝色图层蒙版的效果

图 5.41　基本的以及用红色、绿色和蓝色图层蒙版混合过的黑白照片效果对比

5.6 使用Photomerge拼接合成全景照片

Photoshop的全景照片拼接合成功能设计得相当令人称赞。的确有一些针对全景拼接设计的第三方应用程序，不过我发现对我而言，Photoshop中的Photomerge功能还是非常好用的。在不同类型的拍摄方式下，都可以实现成功拼接。如果你有一个全景拍摄云台，可以围着镜头的"节点"平转（移轴拍摄多重照片），那么拼接相当容易。另外，我曾经不用三脚架，只是手持拍摄，最后也完成了出色的拼接合成。

成功拼接的关键在于拍摄的时候，照片与照片之间留出充足有效的重叠区域，以便于拼接软件有足够的影响区域用来计算最优的拼接位置。拍摄的时候，我会尽量让相机保持水平，这样可以尽量减少拍摄结果中出现需要校正的边缘变形。另外，我会尽量使用较长焦距的镜头，因为广角镜头的透视效果对于拼接而言，其成像变形更难校正。就是说，我用来作为示范的照片是水平拍摄的，而且因为拍摄使用的是飞思645DF相机及P65+数码后背配一支75mm镜头，所以当我把照片导入Photoshop的Photomerge程序里的时候，拍摄结果没有大量的需要校正的透视变形。这3张照片都是在苏格兰西部高地多尼村附近的多益取湖中的一个小岛上拍摄的，拍的是爱尔兰朵娜城堡。**图5.42**所示为在Lightroom的图库模块中选取的这3张照片。

这3张照片拍摄时都是手动设置的曝光值，因此它们的曝光并未显示出差异来。3张照片做了一些色调和颜色校正的处理，不过它们所有的调整设置都是同步的。我在Lightroom的"照片"主菜单下的"在应用程序中编辑"菜

注释: 文中将节点一词注上引号是因为，在实际的情况中，节点并非最优的拍摄全景接片的旋转点。相反，最优旋转点被称为入射光孔，即镜头物理光圈的位置，位于前组镜片之后。入射光孔的几何位置是相机入射角的顶点位置，因此，也是中心透视点或非视差点。这一个点的位置对于全景摄影而言至关重要，因为相机围绕着这一点转动拍摄才可以避免视差错误发生，从而便于拼接合成全景照片。如果你想要实现全移轴平转拍摄，不妨考虑一下GigaPan EPIC全景云台，它可以帮你自动完成用于全景接片的多重拍摄。

图5.42 3张黄昏时分拍摄的城堡照片，在Lightroom中选取

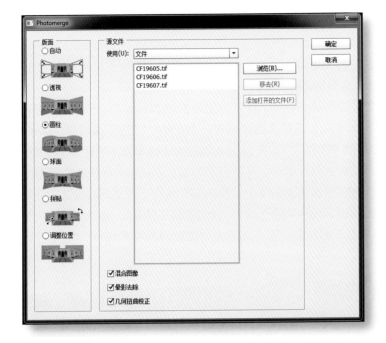

图5.43 Photomerge界面

单中，选择"在Photoshop中合并到全景图"。（在Bridge中则是"工具"主菜单下的Photoshop菜单中的Photomerge选项。）Lightroom不干涉被导入Photoshop中的照片，Photomerge的对话框中提供了若干Photomerge程序拼接照片的控制项目。**图**5.43所示为我在Photomerge对话框中所选的选项。

　　在我的经验中，自动功能只是偶尔有效，当自动功能失败的时候，它失败得壮观，而且结果可怕。我对使用"圆柱"布局选项有着非常丰富的经验，而且这正是我在本次示范中所采用的选项。其他几项布局选项所使用的是不同的投影算法，可能适用于某些类型的照片，不过我基本上只用"圆柱"这一项。另外我也勾选了对话框底部的3个选项：混合图像、晕影去除以及几何扭曲校正。混合图像选项提供了一种自动混合的拼接方法，之后的两个选项的功能则是在图像被混合之前应用镜头校正处理。**图**5.44所示为混合图层蒙版的图层堆叠以及最初的拼接结果。

　　照片拼接合成的结果中包含着一点失真变形，需要校正。校正图像，我使用Photoshop编辑菜单中"变换"条目下的"变形"命令。在做"变形"校正之前，我会应用一个我找到的窍门方法，就是把所有3个图层连同它们的图层蒙版视作一个单独的图层，将3个图层转换为一个单独的智能对象。选中3个图层后，我使用Photoshop图层菜单中"智能对象"下的"转换为智能对象"命令。这样一来，所有3个图层被嵌入智能对象，同时可以保留每个独立图层的编辑能力，以备不时之需。**图5.45**所示为将3个图层转换进一个智能对象图层的结果，以及图像被"变形"命令校正失真的过程。

使用"变形"命令的优势在于，可以修复由于Photomerge产生的边角变形，校正轻微的梯形变形，或是其他种类的透视变形。"变形"命令是应用在智能对象上，而智能对象中的原始图层及图层蒙版还保留为未被变形的状态。的确，以智能对象的形式进行编辑存在着若干限制，不过也有很多办法来避免这些限制。打个比方，在最终的图像中，我想要把远处小岛左侧的被泛光灯照亮的灌木处理掉。这时，我只需要创建一个新建的空白图层，然后使用仿制图章工具，设置当前和下方图层采样，来除去灯光照亮的灌木枝杈，如**图5.46**所示。

图5.44　Photomerge程序拼接合成的结果

▲ 混合和蒙版处理的图层堆叠

▲ 用Photomerge程序拼接合成的结果

▲ 将3个图层转换为一个智能对象图层

图5.45　用变形命令处理智能对象图层

▲ 对智能对象图层使用变形命令校正

最终的拼接照片像素值为16574×6905，可以按360 PPI输出46英寸×
19英寸的照片。这真是有点甜蜜（而且昂贵）的讽刺！我当初选择使用中画幅
数码后背就是为了拍摄更高分辨率的照片，现在我还可以通过拼接6000万像
素（目前最新的IQ180后背是8000万像素的）的照片而成为真正巨幅的全景
照片，不过可惜我的出版商无法让我把这张照片作为一个长达8页的插页印在
本书中！**图5.47**所示为这张拼接照片的最终结果。

图5.46 使用仿制图章工具去
除灌木

▲ 被泛光灯照亮的灌木 　　　　▲ 使用仿制图章工具将灌木除去

图5.47 由3张照片拼接而成的黄昏中的爱尔兰朵娜城堡全景照片

注释：导入32位浮点图像是Lightroom和Camera Raw的新功能。这一新功能始于Lightroom 4.1和Camera Raw 6.1。

5.7　使用HDR Pro合成高动态范围照片

　　当拍摄某个场景的时候，如果发现环境光比反差远超过相机感光元件所能记录的动态范围，就必须要做出一些选择了：你可曾试图保留高光或阴影，或者拍摄多种曝光值的照片然后将它们合成，以保持良好的高光和阴影细节？在下面的示例中，我按不同的曝光值拍摄了两张照片：一张记录餐厅室内的陈设，另一张记录室外场景。这家名叫桑树的餐厅位于伦敦西南60英里处。与以往的为合成HDR照片而拍摄一系列多种曝光值的照片做法不同，这次我只拍摄了两张照片，然后使用Photoshop中的HDR Pro来合成。没用HDR Pro来做色调分布调整，我把文件按TIFF格式存储为一个32位浮点图像，然后导入Lightroom进行最终的色调分布调整。**图5.48**所示为在Lightroom中挑选的两张照片，以及"合并到HDR Pro"对话框。你会发现两张照片的曝光值其实只差2挡，不过这已经足够了。它会把感光元件13.6EV的动态平衡范围扩展到15.6EV。

　　Camera Raw的软件工程师艾瑞克·陈曾跟我说过，最新的处理版本2012在被研发的时候，最初的原始算法就是用于HDR照片色调分布的，而并非针对常规照片。所以，当研发目标转向常规照片算法的时候，研发计划当然也包括在Camera Raw和Lightroom里处理HDR照片的能力。处理版本2012因此具有全面支持HDR照片色调分布处理的能力。另外他还指出，和许多常见的HDR处理软件不同，对于现在的Lightroom和Camera Raw而言，无需为

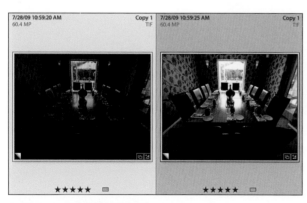

▲ 在Lightroom中选取需要合并的照片

▲ "合并到HDR Pro"对话框

图5.48　合并到HDR Pro

了达到出色的色调分布而拍摄许多张不同曝光的照片。就效果而言，少即是多。所以，如果遇到的拍摄场景的对比度范围只是比感光元件的动态范围多个几挡，你只需要拍两张照片。或者如果你对场景和感光元件范围差距比不太肯定的话，就拍3张好了。如果你拍了3张或更多不同曝光值的照片，那么包围曝光的曝光值差异不必小于1挡，理想情况下，2挡差异就可以覆盖场景对比度范围的需求了。

在"合并到HDR Pro"对话框中，你需要考虑的调控项目只有一项，就是将"模式"设置为32位。此时所有其他的选项都消失了。你可以移动白点预览滑块，不过对32位的图像没有效果，而且反正要导入Camera Raw和Lightroom的，这一预览可以忽略了。

当你在Photoshop中把文件存储为一个32位的TIFF格式文件的时候，对话框中会显示比存储为8位或16位TIFF格式多的控制选项。**图5.49**所示为32位TIFF格式选项对话框。

共有3种不同的位深度/位深选项：16位（一半大小）、24位（FP24）以及32位（浮点）。所有这些选项都是有用的，不过为了色调分布效果最大化，我建议选择32位浮点选项。此时文件所占存储空间会是16位（一半大小）文件的2倍，不过值得选择。

注释：考虑到合成照片要在Lightroom和Camera Raw中使用，相对于其他种类的合成照片格式，TIFF格式是这两种软件唯一支持的格式。所以，如果你有其他格式的HDR文件，比如OpenEXR格式、Radiance格式甚至是PSD文件，你得先用Photoshop把它们存储为TIFF格式的文件。

图5.49　32位"TIFF选项"对话框

图5.50 在 Lightroom 中调整 HDR 照片前后效果对比

▲ HDR照片未调整前的预览效果

▲ HDR照片调整之后

▶ 在Lightroom中的基本面板和色调曲线面板调整设置

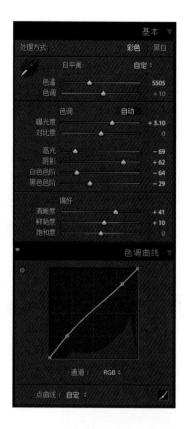

　　保存完照片后，将其导入Lightroom或在Camera Raw中打开，使用全局和局部调节方法进行色调分布控制。在导入时，照片预览看上去会很暗。不过不要紧，使用曝光度滑块调整全局色调很容易就能调回来了，但是，在处理HDR照片的时候，调节幅度由普通非HDR照片的+/－5.00扩展为+/－10.00了。**图5.50**所示为照片导入预览以及最终调整结果。

　　调整之后的照片并没有那种HDR照片常见而典型的不自然的色调分布，因为Lightroom（以及Camera Raw）的控制调整会生成一种非常自然的HDR色调分布效果。我并未使用调整画笔压暗窗外场景，因为我觉得外面看起来比较亮的效果自然些。

　　为了证明HDR合成照片的优势所在，我决定做一个小测试，来对比HDR照片和用较低曝光值照片做色调分布调整所得的结果。我将单张较暗的照片在Lightroom中调整成和HDR大概一致的效果，然后在Lightroom中的比较视

▲ 合适比例显示的较低曝光值照片的调整结果

▲ 合适比例显示的HDR照片调整结果

▲ 1:1比例显示的较低曝光值照片的调整结果

▲ 1:1比例显示的HDR照片调整结果

图5.51　较低曝光值照片调整结果与HDR照片调整结果的对比

图模式里将二者并排比较。在适合比例下，两张照片看起来相当接近，需要指出的是，即便是在常规的16位文件模式下，Lightroom的色调分布也可以将图像的阴影细节调出，同时很好地保留高光细节。真正较量在于1:1比例视图对比，两张照片的效果如**图**5.51所示，较低曝光值照片位于左侧，HDR照片在右边。当显示比例为1:1的时候，请仔细查对二者的巨大区别。看看那些噪点！强行调出的曝光信息和使用HDR Pro合成的照片相比，显然是后者显示出了更优越的影像品质，高下立判。

5.8 景深合成

正如第1章中所介绍的那样，缩小镜头光圈获得大景深的代价是成像锐度降低，其原因是光的衍射。在某些情况下，景深合成的做法可以解决这一景深限制的问题，同时保持最大限度的影像锐度。接下来用作示范的照片从技术层面讲是"无懈可击的"，这张照片是我手持飞思645DF相机配一支80mm镜头拍摄的。拍摄地点是跑道盆地，这是一个位于死亡谷公园西北部的干湖。

图5.52所示的3张照片是我专为景深合成拍摄的，3张照片的焦点分别设在不同距离的位置上。遗憾的是，飞思相机无法在Exif元数据文件中记录焦点距离信息，所以我也无法列出具体的距离值。不过根据我的记忆，第一张照片焦点对在了前方的大石头上，第二张焦点对在了后面的两个石头前一点的位置，第三张的焦点设定到了无限远。目前还没有一个直接操作的命令用于创建景深合成。你需要在Lightroom的"照片"菜单里的"在应用程序中编辑"中选择"在Photoshop中作为图层打开"，或者在Bridge的"工具"菜单里的"Photoshop"中选择"将文件载入Photoshop图层"。当照片在Photoshop里作为单独的图层载入后，选中所有图层，然后使用"编辑"菜单中的"自动对齐图层"命令。**图5.53**所示为在Photoshop中选中的图层，"自动对齐图层"对话框，以及对齐之后的图层。

当我们操作景深合成的时候，要面对一个问题，那就是当你变换镜头焦点位置的时候，感光元件上的成像范围也会跟着变化。自动对齐图层工具会对此做出尺寸调整，而且在现在这个示例中，还要旋转图层上的图像，使3张照片对齐，因为这3张照片我是手持拍摄的，并未固定相机。因此，拍摄的时候尽量大范围

图5.52 在Lightroom中挑选的用于景深合成的3张照片

的构图就很重要了，以免在自动对齐之后图像中有重要的元素因被裁掉而丢失。

图层对齐完毕之后，接下来就是要使用"自动混合图层"工具了，这一工具也在Photoshop的"编辑"菜单中，它会将需要合成景深的图层混合。这一工具的基本原理和Photomerge相同，这种算法会根据图层中的不同区域创建图层蒙版，以实现最优化的（有时是）混合。**图**5.54所示为"自动混合图层"工具对话框以及图层混合结果。

如果要做照片拼接，应该选择"全景图"。本例中我是要实现景深合成，因此我选择"堆叠图像"选项。在我的经验中，要实现一个完美的景深合成效果是不太可能的。我用过一些第三方工具，有些比Photoshop的方法有着实实在在的好处。其中一个优秀的应用程序叫作Helicon Focus，不过，既然这本书是关于Lightroom、Camera Raw以及Photoshop的，那么我还是来继续

图5.53　Photoshop中的自动对齐图层工具

▲ 在Photoshop中作为图层打开的照片

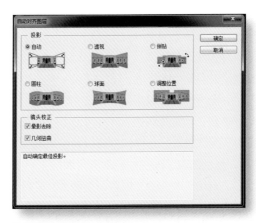

▲ "自动对齐图层"工具对话框

▲ 自动对齐处理之后的图层

▲ "自动混合图层"工具对话框

图5.54　使用自动混合图层工具

◀ 混合图层之后的结果

图5.55 在Photoshop中进行景深合成的处理结果

讲讲如何解决Photoshop处理结果的问题吧。**图**5.55所示为Photoshop的处理结果：有模有样，不过照片的天空中有一些显而易见的问题——我并不知道为什么会这样，我认为天空区域的混合应该是很容易的，不过这种算法就是这种处理方式吧。

修复天空部位的问题，我得研究一下自动混合图层工具操作图层蒙版的过程。混合图层操作的不仅仅是蒙版，还有像素，图像中的一部分遭到了某种破坏。为了完成修复，我选择天空范围最大的一张照片，就是焦点对在无限远处的那张。我停用了图层蒙版，这样我就可以看到所有图像的像素（Shift键+单击停用图层蒙版），并且选取了天空中自动混合图层工具留下像素的区域。我使用了"编辑"菜单中"填充"命令的"内容识别填充"功能，让Photoshop自己修复它（似乎这是理所当然的，因为这是Photoshop搞砸的）。修复的结果是天空干净了。**图**5.56所示为所选取的天空区域以及"内容识别填充"处理的结果。

接下来的内容就很轻松了。从Photomerge或自动对齐图层的图层蒙版结果中调整是很乏味的。你得找出哪个图层显示的是哪个部位，然后在图层蒙版中填充或涂黑或涂白，以手动控制显示图层。在本次示例中，因为我需要做的只是修复天空区域的顶部局部，因此修复任务相当简单。景深合成照片的最终结果如**图**5.57所示。我把合成好的照片又导回到Lightroom中做了一点调整工作。我添加了一点清晰度，添加了一些鲜艳度，并且添加了一个渐变滤镜以压暗天空区域的顶部。这样做并未欺骗观众，对么？操作流程先是在Lightroom、Photoshop中进行，然后再回到Lightroom中……我认可的做法就是不惜代价按我的方式实现影像调整——我猜你也是这样的，否则你就不会选这本书来读了，对吗？

▲ 选取天空区域顶部

▲ 在天空区域顶部经过内容识别填充处理之后的效果

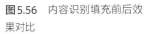

图5.56 内容识别填充前后效果对比

图5.57 照片经由景深合成并调整后的最终效果

墨西哥圣·米格尔·德·阿兰德街上的两个孩子。拍摄这张照片使用了一台松下DMC-GH2相机配一支14-140mm镜头。为了适应本书的版面装订位置，我将照片水平翻转了，而且我把墙上的标志又翻转回正向了。

■ 第6章

创建高效的工作流程

    这世界上有多少种摄影师可能就有多少种工作流程。关于如何搭配使用Bridge、Camera Raw以及Photoshop，或者使用Lightroom+Photoshop，有一件特别好的事就是，你可以发挥极大的灵活性去应用。与这种灵活性随之而来的代价就是复杂性。对于大多数任务而言，每种任务都有多种方法能够实现，在给定的情况下，第一眼判断选用的方法未必是最优的。

    在本章中，我将介绍一些完成基本任务的不同方式的工作流程，以及每种方式的含义。这些属于手段的级别。不过，要创建一种工作流程，还需要一些策略级别的考量，决定如何及何时采用上述手段。打个比方，针对外出拍摄和工作室内拍摄，你可能需要不止一种工作流程以应对这两种情况的不同需求。

6.1　工作流程原则

在为客户拍摄的时候，要满足客户的需求，那种时候你所应用的工作流程和你在为自己拍摄个人作品，没有截止日期的工作流程，这两者之间有着巨大的差异。这两种情况属于比较极端的情况，而在这两者之间还有许多节点彼此连续。我无法为你创建工作流程，因为我不知道你的具体需求，或者你的个人偏好。我能做的就是介绍解决不同工作流程任务的要素构成，这里提供了3种关键性的有效率的工作流程原则作为引导。

6.1.1　凡事尽量只做一次

在对数字底片应用元数据编辑设置的时候——比如版权、权限管理以及关键字，元数据会被自动传送到由RAW格式文件生成的TIFF文件、JPEG文件或PSD文件中去。所以，你只需进入元数据编辑一次就好了。

类似的情况是，如果你想发挥Lightroom或Camera Raw的最大潜力的话，许多照片几乎不需要，或者根本不需要进入Photoshop中进行处理。用Camera Raw或Lightroom编辑照片往往就是一步到位的一次性操作。

帮助你只做一次的关键性策略也是唯一策略就是采用通用的程序应对具体的个案。初始的处理可以针对数量巨大的照片，并且应对越来越细节化的调整，使待处理的照片数量不断下降，保留在Lightroom或Camera Raw里手动编辑的完整处理方案，然后将那些真正值得关注的有价值的照片放在Photoshop中渲染处理。

6.1.2　凡事尽量自动化

对于简单处理RAW格式文件工作流程引起的海量数据而言，自动化功能是一种值得依赖的工具。电脑有一个伟大的方面，那就是当你告诉它如何去做某件事之后，它可以按此操作一遍又一遍。Photoshop的"动作"就是一种常见的自动化处理方案，元数据模板以及Camera Raw或Lightroom中的"预设"也是自动化处理的方案。

6.1.3　有条理原则

一旦找到了一种适合你的工作系统，就继续使用它好了。紧急情况的发生以及有时候出现的一些环境因素会迫使你偏离业已建立的工作路径，但这些应该是例外而不是常规。条理清晰并坚持自己的系统可以让出错的概率尽可能降低，同时让你把注意力集中到那些重要的、只有你能做出的影像决定上。不管怎样，电脑只是执行你告诉它要做的事，尽管那结果可能未必是你想要的。建立一套系统，可以确保你告诉电脑要达到的结果能够实现，而且是只实现你想要的那种结果。

6.2　5个工作流程阶段

在本节中，我会向你展示5个阶段的RAW格式文件处理工作流程，不过重点是前期制作阶段——在Lightroom或Bridge中所做的工作。大约80%的实际工作发生在这一阶段，即便它可能只占总影像处理时间的20%。当然了，其实这所有的5个阶段都是很重要的。**图6.1**所示为使用Bridge、Camera Raw以及Photoshop的5个工作流程阶段。**图6.2**所示为使用Lightroom和Photoshop的5个工作流程阶段。

6.2.1　阶段1：传导照片

把照片从相机导入电脑是最为关键的工作流程阶段之一，然而往往它又是一个最少被关注和考虑的阶段。而这又是一个超级关键的阶段，因为在这一阶段里，照片只是以相机的媒介文件的形式存在。

下列基本准则对我都很有用，这是从我开始数码摄影以来至今的总结。我已经说过我的设备曾存在过一些问题，不过迄今为止，我还未曾丢失过一张重要的照片（但我丢过一些不太重要的照片）。

- 别把相机当做读卡器来用。绝大多数相机支持直接连接电脑并传输照片的功能，不过这样的做法是很糟糕的做法，至少有两个原因：作为读卡器的相机传输速度很慢，而且当一台相机被当做读卡器来用的时候，你就无法用它拍摄了。

注释： 并不是说，CF卡、SD卡或微硬盘相对于其他种类的存储介质而言异常脆弱，而是说，在存储卡里，文件只有一份。如果在转移照片文件的过程中出错了，那么你可能就失去这些照片了。

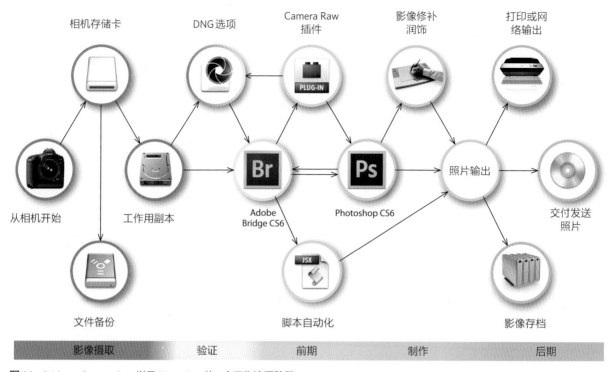

图6.1 相机存储卡　DNG 选项　Camera Raw 插件　影像修补润饰　打印或网络输出

从相机开始　工作用副本　Adobe Bridge CS6　Photoshop CS6　照片输出　交付发送照片

文件备份　脚本自动化　影像存档

| 影像摄取 | 验证 | 前期 | 制作 | 后期 |

图6.1 Bridge、Camera Raw 以及 Photoshop 的 5 个工作流程阶段

- 绝对不要直接从相机存储卡中打开照片文件。在相机存储卡被格式化后，默认为只有相机才可以写入。如果相机以外的设备对其写入，可能什么问题也不会发生，但是，也许会产生一些问题。
- 绝对不要依赖一份照片文件。在开始工作之前，千万记得要先把照片文件在另一块硬盘里备份一份。
- 在未经检验核实之前，绝对不要格式化存储卡或擦除存储卡中的文件。
- 若是要格式化存储卡，要在使用它的那台相机上格式化，绝对不要在电脑上进行格式化操作。

  按上述准则执行可以节省出一点前期时间，不过这并不能代替重新拍摄（假设损失的照片还可能进行重新拍摄）。

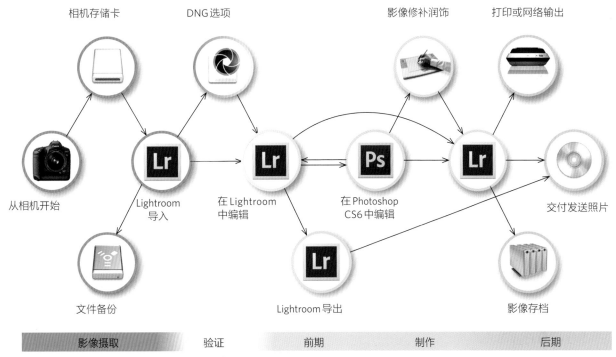

相机存储卡　　　　　DNG 选项　　　　　　　　　影像修补润饰　　　打印或网络输出

从相机开始　　　　Lightroom　　　在 Lightroom　　在 Photoshop　　　　　　　　交付发送照片
　　　　　　　　　导入　　　　　　中编辑　　　　CS6 中编辑

文件备份　　　　　　　　　　　　Lightroom 导出　　　　　　　　　　影像存档

影像摄取　　　　　验证　　　　前期　　　　　制作　　　　　后期

图6.2　Lightroom 和 Photoshop 的 5 个工作流程阶段

> **小贴士：**使用 Lightroom 传导照片的一个优势就是，可以创建导入预设，确保用户知道数字底片去向的准确位置，以及照片是如何被处理的。使用 Bridge 的 "图片下载工具"则要求用户每次都要选对要下载的存储卡，并且没有存储预设的功能。这是我更愿意使用 Lightroom 传导照片的一个主要原因。

6.2.2　阶段 2：验证照片

　　如果你试图跳过这第二阶段，那么你可能会在丢失照片之后很久，以至于毫无补救可能的时候才会发现问题。只要可能（你要知道，这并不总是可能的），一定要确保你的照片已经有了一份正常备份，之后再开始对其进行处理工作——相机存储卡内的那份文件不算备份。这听起来有点偏执，不过别忘了墨菲法则哦！在重新格式化存储卡之前，允许 Bridge 或 Lightroom 验证一次照片，这样如果在传导照片阶段发生了意外的话，你至少还有机会恢复照片。

小贴士： 如果你正为一张无法读取的存储卡而困扰，想要恢复那张卡中的数据（这种情况少见，可能发生于未经软件弹出操作，就直接将存储卡从读卡器中拔出的情况），千万不要格式化！如果格式化了，那将意味着卡中还有的任何数据都被永久地丢到信息垃圾桶里了。主流的CF卡供应商，比如闪迪（SanDisk）或雷克沙（Lexar）都随存储卡提供数据恢复软件。在尝试其他途径之前，先试试恢复软件吧。如果恢复失败，而且卡里的数据真的是不可替代的，那么有些专门的公司可以提供CF卡数据恢复服务，不过通常价格相当高昂；在互联网上搜索一下"CF卡数据恢复"也许会有帮助。

如果拍摄的新照片覆盖了旧照片，而碰巧备份文件又是坏的，那么那些照片可能就永远消失了。

如果Camera Raw或Lightroom在读取照片文件的时候出现了问题，那么问题只可能是对数字底片预览渲染的问题。文件图标所显示的小图片是由照相机生成的，这并不能说明RAW格式文件是否已经被成功地读取了。高品质的缩览图可以说明RAW格式文件已经被成功读取了，在重新格式化存储卡之前，不妨先等一下，直到它们全部显示为止。基于这个原因，当使用RAW格式文件的时候，将Bridge设置为"始终使用高品质"生成缩览图，或是在Lightroom的"图库"菜单下的"预览"项目中设置为"渲染标准大小的预览"或"渲染1:1预览"。这样的设置可能会让缩览图的显示耗费的时间稍长一点，不过当你花时间检验照片的时候，就能体会到这种设置的好处了。

图6.3所示为我经历的极少数的几个数据坏掉的照片之一。在相机还在写入数据的时候，我非常肯定地把存储卡拔出来，是这种行为导致的数据损坏。

如果你在本阶段遇到了问题，那么请查看备份文件（如果你做了备份的话），或者重新回到相机存储卡再传导吧。（你还没对它进行重新格式化呢，对吧？）数据还在相机中的时候就损坏的情况相当罕见（其实有时候也会发生，尤其是在突发模式拍摄或者当数据还在缓存中写入你拔掉存储卡的情况下），因此第一个怀疑对象应该是读卡器。如果你只有一个读卡器的话，试着把有问题的照片逐一复制。如果你有第二个读卡器，那么试试用第二个读卡器来复制文件。如果这时候复制依然失败，试试运行一下存储卡供应商提供的数据恢复软件。如果所有上述建议都无效，那么你只有重新拍摄了，接受损失的事实然后继续前进，或者求助于昂贵的专业数据恢复服务商。

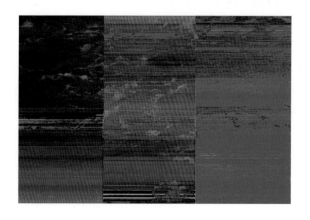

图6.3　我最喜欢的一张数据坏掉的数字底片

6.2.3　阶段3：前期工作

前期这个词的意思就是，在这个阶段绝大多数的工作量发生在这里，虽然它并非最耗费时间的阶段。前期工作通常意味着，对最大数量的照片做最小数量的事情，以此来帮你找到最值得选择的照片，而这些被选中的照片才真正值得你花上大把时间处理，同时对那些未被选中的照片保留重新选择的条件。

1. 粗编辑及选片工作

在Lightroom中，我使用"快速修改照片"面板来做粗编辑，使得选择编辑工作变得更容易。"快速修改照片"面板可以提供相对调整选项（与此对应的是"修改照片"模块中的完全调整选项以及Lightroom预设）。相对调整选项很重要，你可以在其中做出快速的色调和颜色调整，而这些调整可以被添加在照片已经存在的调整项目中。另外，也可以做出快速的白平衡调整——通过预设的方式，或者通过单击调整按钮的方式。粗编辑可以使用Lightroom预设，这样可以提高粗编辑的工作效率。

2. 评级和标签

手动挑选缩览图当然是区分留用和排除的一种方式，只是比较乏味罢了。更好的办法是使用评级或标签的功能。评级和标签会成为照片元数据的一部分内容，因此你可以以此来查找或过滤搜索。相对于标签的方式，我比较爱用分级，不过如何选择完全是你的自由。我经常使用Lightroom的"筛选视图"和"比较视图"模式，这样你看到的照片预览就大很多了。在Bridge里也可以做类似的操作，选取多张照片在预览面板里观看。

关于选择编辑和评级操作有两种基本的方法。其一，使用简单的是/否的方式；其二，使用递进级别的评级方式标示一些照片的重要级别。

- **一星级的二进制排序**：如果你喜欢二进制的标记机制，即是/否的排序与选取，Bridge和Lightroom都提供这类评级的快捷键——在Lightroom中，是数字键1增加一颗星的级别；在Bridge中，则是Command键+1（Mac系统）或Ctrl键+1（Windows系统）增加一颗星的级别。

- **多星级评级**：多星评级的技术原理与一星评级是一样的。在Lightroom中，数字键1～5即是评级按键，单独按下1键即是一星评级。在Bridge中，使用Command键+1～5（Mac系统）或Ctrl键+1～5（Windows系统）则小贴士：如果是和其他人一起合作挑选照片，第一种评级方法可能更合适一些。第二种方法在你一人独处的时候会更有效果。

应用多星评级。在Lightroom中，按0键则清除任何星级；在Bridge中同样的功能则是Command键+0（Mac系统）或Ctrl键+0（Windows系统）。按Command键+。（句号）（Mac系统）或Ctrl键+。（Windows系统）会对现有星级添加一颗星，按Command键+，（逗号）（Mac系统）或Ctrl键+，（Windows系统）则会使评级减少一颗星。

基本上有两种方式为照片评级，选择哪一种则取决于你自己的喜好。

■ **初级的一星级评级方式**。在对所有照片做完一星级评级之后，再在一星级照片中对那些较好的照片添加一颗星。完后再在两星级照片中对较好的照片标上第三颗星。许多摄影师认为4个等级（未标记、一颗星、两颗星以及三颗星）就足够用了，不过你也可以一直追加到5星级别，这就看你的需要了。

■ **在一星级评级中应用多星评级**。如果你有时间在挑选照片的时候做对比，可以选择在一星级评级中使用多星评级方式。不过这种方式需要一定的操作经验。使用Lightroom的比较视图模式来挑选照片，对比其他照片来评比彼此相对的"优点"。如果需要挑选的照片数量不太大，这种方法就可能很有用了。

挑选编辑过程是非常重要的过程。一旦你做出了决定选择，接下来的工作就是只针对被选中的对象了。请牢记这一点，在拍完一张照片的同时，你可能就会意识到自己想要拍的是什么。你对所拍照片的第一反应可能是技术层面的成功或失败，而非影像本身是否如愿。这就是为什么我建议多路选择编辑，以及在做出选择一段时间之后重新审视所拍的那些照片，也许就在那些照片里，你能发现在头脑发热的时候错过的一些隐藏的宝藏。

小贴士：我不经常使用标签功能的主要原因在于，标签会为Bridge和Lightroom添加多余的颜色。（嘿，我该怎么说清楚呢——这可是视觉排序呀。）另外，就照片的评比而言，标签机制不如星级评比系统好。五星级比一星级好，这是非常直观明显的，但是标签功能则没有那么清晰的等级感，比如，黄色和绿色哪个更好一些呢？在Lightroom中，你可以通过键盘上的6~9键来为照片添加标签；在Bridge中，使用的是Command键+6~9（Mac系统）或Ctrl键+6~9（Windows系统）。不过，软件中没有为照片的标签升级或降级的快捷键设置。另外，紫色标签没有设置的快捷键，你只能从右键菜单中选择。

3. 排序和重命名

默认设置下，Bridge对照片排序的方式是按文件名排序，因此，新拍摄的数码照片会按拍摄的先后顺序往后排列，因为照相机都是按照连续编号为每张照片命名的。在Bridge中，可以在右键菜单里的"排序"选项里或是"视图"/"排序"子菜单选项下，设置改变排序方式。另外，还可以通过拖曳缩览图的方式创建一种自定义的排列顺序，就像在观片台上移动幻灯片一样。

在Lightroom中，默认的排列顺序是按照片添加的先后顺序。可以在工具栏更改排序方式，不过有一条警告是：只有当你查看的是一个单独的照片文件夹或图库中的一个集合的时候，排序才可以更改。如果所面对的文件夹包含子文件夹，那么你无法更改排序。

我喜欢的方式是对文件夹进行有序的命名和组织管理，而不是在传导照片文件的时候对文件进行重命名。不过如果想要在之后的Bridge或Lightroom阶段对照片文件重命名，应该制定一套实用的命名方案，并严格照此执行。打个比方，我的好朋友兼同事赛斯·雷斯尼克在建立他自己的工作流程方面就花费了相当多的灵巧心思，他在这方面比我认识的任何其他人都强。赛斯对于文件的命名方案复杂成熟，首先，文件名至少传达了大量信息，这是一目了然的。比如，他可能会把一个文件名为4F3S0266.dng的RAW格式文件重命名为20120423STKSR3_0001.dng。这一新的文件名解码如下：20120423指的是拍摄日期（2012年4月23日），因此文件会自动按日期排序；STK指的是这张照片是为图片库拍摄的；而SR指的是这张照片的作者是赛斯·雷斯尼克（SR为Seth Resnick名字的缩写——译者注）；数字3指的是这张照片属于当天的第3个任务或照片集合，而后面的0001指的是，这张照片是这一照片集的第一张。赛斯的命名方案适用于他自己，不过这套方案可以提供丰富的信息而且易于复制——他为此专门创建了一个导入预设，用来在Lightroom的导入阶段为照片重命名。所以问题的关键在于找到一个适合你自己的方案。

4. 关键字和IPTC元数据应用

关键字和元数据的有效管理与RAW格式文件编辑应用的原理是相同的。搜索和挑选照片需要的是同样的手段，二者是同时完成的。元数据在Bridge或Lightroom里（或者在Photoshop里，就此而言）是可编辑的，它是IPTC元数据。对于常见的元数据，比如版权声明，元数据模板提供了一个方便的编

图6.4 元数据、关键字以及攻击我的海狗照片的题注

注释：照片中的海狗就是当我在南极的时候攻击我的那只。它在我的膝盖和防水裤子上咬了一个洞。根据探险队队长的说法，我是他遇见的第一个被海狗攻击的人—— 我何其荣幸！我们的随船医生给我注射了大剂量的抗生素，这比海狗咬我还疼。海狗攻击事件最糟糕的部分是，那只海狗把我的防水裤子的膝盖部分咬出了一个大洞，这让我的膝盖处于潮湿的环境而缺乏保护。

▲ 关键字面板   ▲ 元数据面板

注释：在Lightroom里，被称为"题注"的元数据字段在Bridge里，被称为"说明"。这有点容易让人混淆，你觉得呢？

辑方式。而应该用预设的最佳时间就是首次传导照片的时候。

或者，你也可以在Bridge或Lightroom里一次选取多张照片，然后直接在元数据面板里编辑元数据。单击想要编辑的第一个字段，然后输入内容，按Tab键后直接转到下一行字段。继续编辑直到完成所有选中照片的共同元数据编辑任务，然后按回车键，确认完成。

图6.4所示为一张照片的IPTC元数据、关键字和题注。

有时候元数据管理也被称为贴标签或元数据日志，关键字操作则是为照片添加相关描述的做法，目的是用于目录编辑和照片文件管理。这件事可以很复杂，就像分类学（分类法）一样，也可以很简单，就是描述一些任务、事件、地点、原因，有时候也可以添加对这张照片的评价。在Lightroom或Bridge里的IPTC关键字面板上，可以输入一些关键字。需要注意的是：多

个关键字之间要用逗号隔开；而且因为关键字字母是分大小写的，所以对于那些需要大写字母的关键字才大写比较好，比如一些名词。关键字包括单独的或多个词，甚至是短语也可以，不过尽量避免为照片添加无关的不必要的词作为关键字；注意关键字的多种不同写法，比如灰和灰色其实是一个意思；尽量使用名词而非动词作为关键字；英语名词尽量使用复数而非单数。

　　有些关键字具有概念属性，应尽量有选择性地使用。一些关键字诸如"美丽"或"安宁"在被用来形容风景的时候，它们立刻失去了任何特殊的含义。另外，谨慎使用人格化的动物名称——不是每个人都能明白的，这容易引起误会。综上所述，关键字选用应遵循一致性原则，如果你容易提笔忘字，那么不妨准备一本小字典在手边。没什么是比拼错一个词给全世界看更尴尬的事了。对于词汇的选用控制应该严格，如果想了解更多，请访问摄影师大卫·雷克（David Riecks）的网站。

　　题注的内容就是写一些与这张照片有关的故事。写好题注的过程是添加关键字的良好起点（当你构思题注的时候，关键字往往就会自动出现了）。这里有一些经验法则：使用适当的语法和标点符号，使用适当的句子结构，使用适当的名词，句首词大写，避免陈词滥调。而且，当然，如果手边有一本字典最好。如果你知道照片主题的地点或学名，不妨使用它们，但不要瞎猜。描述该是基于事实的，而非推测。但也别把题注写成小说，IPTC说明字段的空间并不够大，其功能并非用于创意写作。

6.2.4　阶段4：制作

　　制作这个词是指，对已选中的照片进行打磨润饰，花费大部分时间和精力，手动调节Camera Raw或Lightroom设置，然后把照片导入Photoshop中进行某种局部校正，完成Camera Raw或Lightroom单独无法完成的任务。关于制作阶段的更多信息，请参见第4章和第5章。

6.2.5　阶段5：后期工作

　　当你做完了所有这些直接的图像处理工作以及消费成本的工作（打印输出、给客户发送照片，等等）之后，你可能认为你所有的工作都结了。不——远

> **小贴士：** 添加关键字和题注的活是工作的一部分。如果你只是为自己做这些事，那么尽量让所有事情简化，添加一些你认为有必要的东西就可以了。但是如果你是在为图片库工作，出色的关键字和图片说明编写可以让你赚到更多的钱。

不止于此！你还需要收拾所有的原始文件和处理过的文件。在本阶段里，你的组织管理工作做得越好，在将来需要找照片的时候，你能够找到的机会就越高（而在将来你的确可能还会用到它们）。

1. 照片存档

你可能听说过有的摄影师在处理完照片后，觉得把数字底片存档这件事太麻烦而不愿意干。这种做法很愚蠢，无异于把所有数字底片都扔掉，因为你所处理的是那些你喜欢的照片！想想RAW格式文件转换的大量的处理工作，以及在处理过程中投入的技术和精力，这一切都只是为了让事情变得更好，而如果不做RAW格式文件存档的工作的话，那就有点前功尽弃了。

那么现在问题变成，我们该在何时、以何种形式、在怎样的媒介上把文件存档。

- **何时存档**：当首次把RAW格式文件复制到电脑的时候，应该把文件分别复制到两个不同的硬盘中去，并且以后都照此操作。一份作为工作用的文件，另一份作为一个短期备份。当你完成对照片的挑选、排序、分级以及重命名这些工作之后，你已经完成了初级的Camera Raw编辑应用，接下来把文件保存为DNG格式并捆绑上元数据，然后把这些文件也存档。没错，这成为了一个很重的存储负担，不过现在存储空间的价格不是那么昂贵了，而时间是买不来的，照片则是不可替代的。

- **存档哪些内容**：任何在将来有可能被你自己或其他任何人检索到的内容都应该被存档。这的确很简单。不过不要把存档和备份搞混了。备份通常是为短期保险之用。存档则是为了长期储备，除非有需求，否则不能被干扰。存档不是备份的代用品，而备份也不是存档的代用品！

- **存储在什么上面**：严格来说，目前还没有一种用于数码存储的永久性的存档媒介——任何当前显得比较便捷的数码存储方案都会随着时间的推移而变成过时的笨重货。存档必须保持维护，并且在需要之时转换到新的媒介上去。存档存储主要存在两个问题。显而易见的首要问题是存储媒介的完整度问题，次之但同样重要的另一个问题是存储媒介可读取的实用性。20世纪70年代的大型计算机所使用的磁带上都记录着很重要的数据，不过今天如果能找到可以读取这些磁带的驱动器，那就算很走运了。

任何存档方案都必须包含阶段性地把数据从旧媒介转移到新媒介上去的步

骤，要充分利用技术进步带来的优势。我过去也曾使用磁带存储（现在我还保留有一些DAT和AIT驱动器，可以用来试着读取那些老磁带），不过我早就换成在线的磁盘阵列了，用来复制式存储数码照片。除非更好的存储方式出现，否则你可能会在更大、更快以及更便宜的，以P（1024TB）计而不是以G或T计的硬盘上持续地更新数据。

关于网络附加存储（NAS），我有句话提醒：我经常使用一个强大的RAID 5的冗余阵列，而NAS驱动器实际上是一个经常运行嵌入式Windows系统的迷你服务器。并非所有的存储服务都支持苹果文件协议（AFP）的，而你真的需要一个值得依赖的，建设良好并且运行维护良好的网络存储。也就是说，他们得经常提供高性价比的服务，能够保持可信赖的和合理的上传下传带宽速度。

刻录的CD和DVD，都是可写入且只读的，在这一点上不同于商业发行工厂压制的CD和DVD。工厂生产的碟片，其数据是被压入一种金属箔层之中的（它与香烟包装纸中的锡箔具有同样的厚度，尽管它们都是金属）。而刻录CD和DVD是用一种光敏染料层来记录数据——当激光写入的时候，染料改变颜色。摄影师应该了解这种染料是不稳定的。

所以，尽管使用那些对你而言便捷的存储媒介，不过别忘了所有媒介最终都会坏掉的，应对此做出相应的规划。

我倒是希望我能为你提供一套神奇的解决数码照片长期存档问题的方案，不过目前真的没有这种玩意。对于存档事项，建议把重要的作品分别在多个硬盘中多份存储，如果可能，多地存储。不过无论你使用本地互联网还是外接硬盘，网络附加存储RAID 5 NAS还是专用的服务器，原则都是一样的：多份存储以防某份丢失。存储媒介一定会坏，这倒不是一个问题，问题在于，它什么时候会坏掉。

2. 发送照片

如何以及以何种媒介发送照片、打印照片或把照片上传到网站，这些已经超出了本书的讨论范围，不过也可以解释为整个工作流程的一部分。在为商业客户服务了多年之后，我想要为你提供一个强烈的建议：除非时间有限只能传送照片的电子文件，否则最好把你准备好的照片刻录在CD或DVD里发送给客户，作为最终的合同交付成果。为什么要这样呢？好吧，一旦把文件刻录进CD或DVD，光盘便是只读媒介了，如果有人对你发送的照片

注释： 对于那些购买大容量硬盘的人，我要提醒句话——你得清楚它意味着什么。许多较为便宜的大容量硬盘实际上是由两个或多个磁盘配置的逻辑组阵列，共同组成的硬盘显示为一块大容量磁盘。如果其中的一个驱动器坏了，那么整个硬盘也就悲催了。

篡改栽赃的话，你可以把那CD或DVD中不能更改的文件作为证据为自己作证。

对于摄影师而言，被客户要求提供原始的RAW格式文件用以确认摄影师照片的源文件这种事越来越常见了。这种情况下，DNG格式作为可以满足这种需求的原始文件，开始成为一种很重要的照片文件格式，它可以作为证据证明你对照片做过哪些改动，这在图片报道领域或科学领域里很常见。随着越来越高级的RAW格式文件处理工具的出现，现在照片的色调调整、颜色校正、裁剪甚至污点修复这些操作都很容易实现，任何使用Camera Raw或Lightroom的人都可以在看到照片后判断区分出哪些地方被动过。所有的照片设置以及嵌入的元数据使这些变得更保险，因为所有信息都被打包在一起。而这种格式在照片的润饰修补方面还存在一定的限制，许多Camera Raw或Lightroom的用户比以前更少使用Photoshop了。DNG格式可以让你在照片的面貌、渲染方面印上自己的标志（甚至是文字形式的）、名字和联系信息。

6.3　我自己的工作流程

实际上我有两套单独且不同的工作流程，选择哪套取决于我打算如何拍摄以及在哪儿拍摄。通常，我会在工作流程的前端和末端使用Lightroom，在中间段落使用Photoshop来调整被选中的最佳照片。对于一些常规的基础性工作，我会用到Bridge和Camera Raw，而我所有的数字底片都放在我的主工作站电脑Lightroom目录里。

6.3.1　外拍工作流程

当我展开一次摄影之旅的时候，我会用Lightroom导入照片。在旅途开始前，我会在两块外接硬盘中的一块里新建一个空白目录，用来存储我拍摄的照片的两个副本。为什么新建一个目录呢？虽然在我的笔记本电脑里有一个缩小版的Lightroom主目录，但是我并不想把旧照片和新照片混在一起，新建一个目录就能很简单地解决这个问题了。

我会创建一个预设用来导入照片，预设将生成标准尺寸的预览，应用一个基本的IPTC元数据模板，并且为照片添加拍摄地点关键字。另外我还要确保在照片导入的过程中，复制一份文件作为备份文件并存储在第二个硬盘里。

虽然我在笔记本电脑上工作的时候从来没有做过任何重要的色彩调整，不过我仍要做一些基本的色调和颜色调整处理。我经常会以调整虚拟副本的方式来尝试照片的彩色和黑白版本调整。我会调出彼此相似或成系列的一堆一堆的照片来。另外，我也经常在Lightroom的收藏夹里开始不同类型的选片工作，挑选用于全景合成或HDR高动态范围合成的照片。

当你在外拍摄的时候，任何你所做出的调整设置都可以被存储为XMP元数据。我认为这是很好的尝试练习。不过我想要在我回到工作室之后，把外拍目录导入到我的主目录中去，因为那些虚拟副本、照片堆叠以及照片收藏夹并不会被存储进元数据，只有目录本身才会被存储进元数据。

当我返回工作室的时候，我会打开我的Lightroom主目录，并使用Lightroom主"文件"菜单下的"从另一个目录导入"命令。从拍摄目录导入时，会体现预览已经生成的优势，同时保留了虚拟副本、照片堆叠以及照片收藏夹。另外，在目录导入时，外接硬盘的照片也会被移动到我的照片主存储阵列中去。

Lightroom 照片导入

接下来讲的工作流程就是我最近一次去圣·米格尔·德·阿兰德的摄影之旅的工作流程。我在一块1T的火线800的外接硬盘里新建了一个空白的Lightroom目录，还另外准备了一块火线800的外接硬盘作为Lightroom的导入备份硬盘。图6.5所示为从第一个SD卡上导入照片到Lightroom的最初的导入模块，以及不同面板的设置。

在"源"面板上显示连通了名为No Name的SD卡（这是那台松下LUMIX相机在对SD卡格式化之后的命名方式）。主面板上显示的"所有照片"为所有待导入的文件。导入功能默认设置为"复制"，这是因为导入来源是一个相机存储卡而非一个硬盘。Lightroom的默认设置是拒绝使用"移动"或"添加"这样的命令导入相机存储卡中的照片，因为这两种操作对相机存储卡而言都不妥。

在"文件处理"面板中，我勾选了"不导入可能重复的照片"选项。尽管我会记着在每次成功的验证导入操作之后，用相机对存储卡进行重新格式化处理，但是偶尔我也会忘。有时候同样的照片会被多次添加进入目录，而这一功能对于防止这种误操作很有用。

图6.5 Lightroom 的导入
模块及导入面板设置

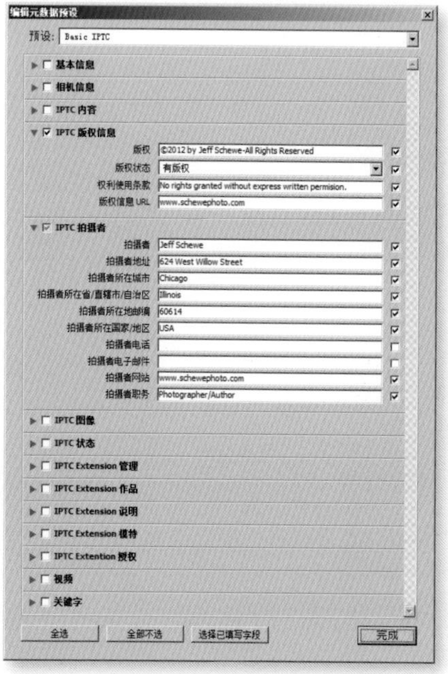

▲ 源面板

▲ 导入预设菜单

▲ 文件处理面板

▲ 在导入时应用面板

▲ 目标位置面板

图6.6 我的名为 Basic IPTC 的 IPTC 元数
据预设

在"在导入时应用"面板中，我将"修改照片设置"设置
为"无"，因为这个时候，我不需要用预设处理照片了。我将我
的"Basic IPTC"元数据预设编辑好，这份预设中包含了通用
的 IPTC 元数据，如**图6.6**所示。在"在导入时应用"面板中的
"关键字"栏目里，我只添加了简单的两个词：San Miguel de
Allende，Mexico（圣·米格尔·德·阿兰德，墨西哥）。因为
我会花费一周的时间在圣·米格尔·德·阿兰德及其附近区域拍摄，
所以我知道填写这样的关键字是没问题的。这一周过去之后，我又
添加了一些更为细化的关键字，比如整个拍摄行程的地理坐标。

在"目标位置"面板中，我将 Lightroom 设置为把照片复
制到子文件夹"Imported photos"中，并且将"组织"设置为
"按日期"，按照"年-月-日"的日期格式组织排序。每天的照

▲ 图库中显示的照片

图6.7　在Lightroom目录中显示的一周以来拍摄的成果

▲ 文件夹及收藏夹面板细节

片会被导入到一个按日期命名的子文件夹中。

　　在导入预设菜单中，我将一个预设保存并将其命名为SMA-2012，由此，当我导入每个照相机的存储卡里的照片的时候，我可以统一所有导入的设置。最后一步就是单击导入按钮，然后让Lightroom完成这件事。**图6.7**所示为那一周在圣·米格尔·德·阿兰德拍摄的成果。

6.3.2　外拍时的选片编辑

　　虽然我在笔记本电脑上从不做任何重要的照片颜色编辑工作，不过我会做一些小改动以及试验，看看大致的效果以便于我判断下一步采取怎样的方案。那一周的旅行期间，我真正拍摄的时间只有几天，而其中的第4天的拍摄量巨大。我想编辑的是我遇到门口两个小孩时拍的那一系列照片。既然是一系列照片，我就将这一系列所有的8张照片以及一个虚拟副本都放入一个堆叠中。**图6.8**所示为这一照片堆叠的折叠与展开。

　　我给出5颗星评价的那张照片已经被移出拍摄顺序，移至照片堆叠的首位了。做到这一点的简单方法是在堆叠里直接拖曳照片，或者使用右键菜单中的"移到堆叠顶部"命令。

图6.8 使用堆叠功能来组织一个照片系列

▲ 堆叠折叠时的缩略图视图

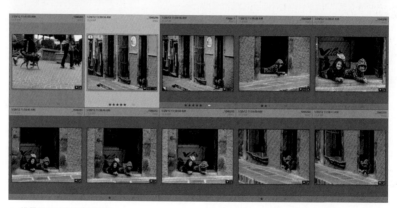

▲ 堆叠展开时的缩略图视图

　　我喜欢其中的几张，于是我使用筛选模块来将主要的8张照片单独隔离出来。当两个孩子看到我的相机正对着她们的时候，她们有意表现了一下。那几张照片看上去很可爱，不过我并不喜欢她们对着相机看的照片。之后我离开她们，继续我的旅行。**图6.9**所示为在Lightroom图库里的筛选视图模式下看到的8张照片。

　　在筛选模式下，照片的显示尺寸比图库里的缩略图要大一些，不过，为了在这一系列中做出最终的选择判断，我转而使用了对比视图模式。我将我认为最好的一张照片放在"选择"位置——在这种方式里，我可以让堆叠中其余的照片在"候选"位置循环显示。这种在堆叠中以"一对一"的对比模式挑选照片的方式非常有效。**图6.10**所示为对比视图模式。

图 6.9　在 Lightroom 的筛选视图模式下查看照片

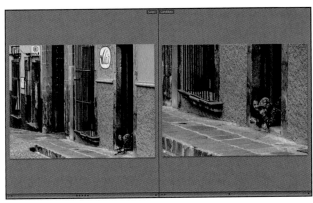

图 6.10　在图库里的对比视图模式下查看照片

1. 使用虚拟副本

　　在 Lightroom 中，在照片组织方面，有一个非常有用的功能就是虚拟副本功能，它可以让同一张照片以多种版本的形式出现。当我在做黑白照片处理的时候，我经常使用虚拟副本功能，当我需要对同一张照片进行多种裁剪以应对不同目的的时候，我也会使用虚拟副本。没错，这一功能某种程度上可以用修改照片模块里的快照功能代替，但是在不同快照之间来回切换的唯一方式就是去修改照片模块里转换激活快照，那就有点麻烦了。

　　一个虚拟副本简单来说就是一张照片在数据库中的重复记录，它可以包含不同的修改设置，甚至是不同的关键字。虚拟副本只在 Lightroom 的目录中存在，不能在 XMP 元数据中存储，不过可以使用快照。之所以我在外拍的时候使用一个单独的目录，然后一回到工作室就将其导入到 Lightroom 主目录中去，这也是一个很重要的原因。**图** 6.11 所示为最终选中的小孩照片，以及用这

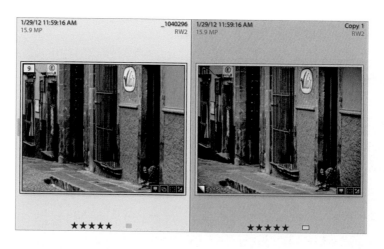

图6.11 原始的彩色照片与黑
白的虚拟副本对比

张照片的虚拟副本转换成黑白照片并添加暖调效果后,二者并置对比。

2. 使用收藏夹

Lightroom的收藏夹功能可以横跨多个文件夹甚至不同的硬盘来把照片收藏在一起。这一功能是为了方便地组织照片而设计的。使用手动收藏夹功能为照片排序很方便,而一个收藏夹中的照片可以按照你的意愿重新排序——即便是不在同一个文件夹中的照片也行(Lightroom图库的一个限制就是无法看到子文件夹中的内容)。

当我在圣·米格尔·德·阿兰德拍摄的时候,在我把照片转换为黑白并添加暖调之后,我一直在挑选哪些是我最喜欢的。开始的时候我为我喜欢的照片创建虚拟副本,然后把它们放到一个收藏夹里,并把这个收藏夹命名为"WarmToned(暖调)"。这也是我在外拍时使用单独的Lightroom目录的一个重要因素:当我回到工作室把外拍目录导入主目录的时候,收藏夹是被保留下来的。**图6.12**所示为这一收藏夹里的一系列暖调黑白照片。

3. 把外拍目录导入家里的主目录

在从圣·米格尔·德·阿兰德回来之后,我把那块名为TB-FW-03的火线外接硬盘接到了我的主照片电脑上。打开我的Lightroom主目录,在Lightroom的"文件"菜单中选择"从另一个目录导入"命令,然后在出现的"从Lightroom目录导入"对话框中设置需要导入的目录,如**图6.13**所示。我在"从Lightroom目录导入"对话框选中了名为"Lightroom4ook-3 lrcat"的目录文件,打开了"从目录导入"对话框,如**图6.14**所示。

图6.12 圣·米格尔·德·阿兰德拍回的 Warm-Toned（暖调）收藏夹

图6.13 在"从 Lightroom 目录导入"对话框中选择名为 "Lightroom4ook-3.lrcat"的目录文件

在"从目录导入"对话框的"文件处理"项目中我选择了"将新照片复制到新位置并导入"这一选项。这使得Lightroom把所有照片复制到我的主硬盘并放置在正确的文件夹中。从目录导入命令会保留在外拍目录中创建的虚拟副本、照片堆叠以及收藏夹，并把它们添加到主目录中去。**图6.15**所示为把名为 "Lightroom4ook-3"的目录导入我的主电脑的Lightroom 4的主目录中后的结果。

图6.14 "从目录导入"对话框显示,目录 Lightroom 4ook-3 中的照片都被选取并导入

图6.15 把目录的 Lightroom 4ook-3 中的文件导入我的 Lightroom 4 主目录中去的结果

6.3.3 工作室工作流程

当我在工作室拍摄的时候，通常会把相机连上笔记本电脑拍摄。虽然我的一些相机可以与Lightroom连接工作，不过一般我不喜欢这样，因为这种时候Lightroom能做的无非就是按一下快门按钮而已。除了激发释放快门以外，Lightroom不具备控制相机功能的能力。当我使用飞思645DF及IQ180数码后背的时候，无论如何也不能把Lightroom连接到相机上了，因为Lightroom不支持连接这台相机拍摄。我使用的是飞思原厂的软件Capture One，用以连接相机并控制相机，然后把Lightroom设置为使用自动导入功能将拍摄的照片导入。

当在工作室里连线拍摄的时候，我并不把照片导入笔记本电脑。相反，我是通过GB级的网络连接把照片直接复制到主照片电脑中去。我将Lightroom设置为从Capture文件夹中自动导入，这样做是为了监视由Capture One生成的照片。在自动导入设置选项中也可以设置应用一个基本的元数据模板以及相关的关键字。由于我并未使用Capture One做照片调节，所以我通常会在主电脑上针对一些测试照片创建一个修改照片预设，然后在自动导入的过程中应用初级的预设。

当然，有过好几次，在去往拍摄地的飞机上，我所准备的工作流程由于某种需要被修改了。如果你使用一台可以连接Lightroom拍摄的相机，就不用再准备一个单独的解图应用软件了——虽然，从我个人角度来说，我认为无法通过Lightroom控制相机功能有些不方便。不过如果拍摄的时候无法使用电脑，只能用相机，那么你可以就在相机上调整设置，这也可以缓和Lightroom的限制。

1. 设置连线拍摄

当我拍摄4.2.7小节中的照片的时候，我使用了这一连线拍摄工作流程。我在工作室里将飞思IQ180数码相机后背转接到了我的一台仙娜4×5相机上，并连线到我的笔记本电脑上。数码后背通过一根火线800连接线与电脑连接。**图6.16**所示为在我的笔记本电脑上运行的Capture One，其中的照片为所拍摄的第一张测试照片。

由于我拍摄时使用的是仙娜4×5相机，而非飞思645DF机身，所以我不能通过笔记本电脑控制相机的光圈和快门速度。拍摄的第一张测试照片包含一个爱色丽色卡护照，因此我可以把它作为在Lightroom中的白平衡基础设置使用。

图6.16 在工作室中，我的笔记本电脑上运行的 Capture One

▲ Capture One 主界面

▶ Capture 面板设置

所有的照片调整工作将在 Lightroom 中完成，我并未让 Capture One 介入图像调整流程。双击鼠标放大图像，确保照片中的重要区域成像清晰锐利。由于在相机的设置中使用了俯仰和升降，因此我要确保移轴结果获得最佳的焦平面成像。

2. 自动导入 Lightroom

回到我的主电脑，我选择了"自动导入"菜单中的"启用自动导入"选项，打开了"自动导入设置"对话框。**图6.17** 所示为自动导入菜单项目以及"自动导入设置"对话框。

在"自动导入设置"对话框中，我将"监视的文件夹"指定为我的 RAID-01 硬盘里的一个子文件夹。在"目标位置"项目中，我设置了 Lightroom 将要自动导入照片的位置。我使用了一个修改照片预设来调整白平衡以及一些其他的照片调整参数。另外，我还设置了一个基本的元数据预设。**图6.18** 所示为在 Lightroom 中设置完自动导入后，最初的测试拍摄结果。

在工作室里的笔记本电脑和主电脑影像工作区之间跑来跑去的真是锻炼身体，不过在我确认了连线工作正常之后，只要待在工作室里拍摄剩下的照片就可以了，因为我知道所有拍好的照片都会在 Lightroom 里准备好了等着我的。在调整了花束和相机位置后我又拍了一些照片。**图6.19** 所示为在 Capture One 中看到的所有我拍的照片，以及这批照片被自动导入 Lightroom 中后的样子。

▲ 自动导入菜单

▲ "自动导入设置"对话框

图6.17 "启用自动导入"选项开启以及"自动导入设置"对话框

图6.18 在设置完自动导入Lightroom后最初拍摄的测试照片

图6.19 连线Capture One拍摄，
照片自动导入Lightoom

▲ Capture One

▲ Lightroom

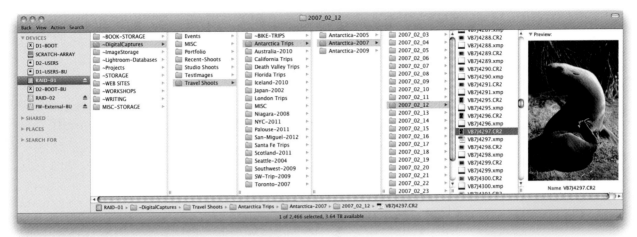

图6.20 我的主硬盘驱动阵列中显示的我的照片组织管理

你可能发现了，在Lightroom里，我已经运行了DNG Flat Field插件，所有被选中的照片都经过了偏色去除操作。这也是Lightroom中的照片多一张的原因。

6.4 我如何组织管理我的照片

　　我的照片的组织管理并不算完美，不过这套由我自己建立的系统在最近的5年里（5年前，我开始以Lightroom作为组织管理照片的主要工具）表现不错，目前还没有一个令人信服的理由要改变。我对硬盘里的照片的组织管理如**图6.20**所示。

　　在图中最左侧，可以看到我的主电脑上接了几个外接硬盘。我会在之后讨论一下其他的几个外接硬盘的原因，让我先来先介绍一下这个名为RAID-01的硬盘吧。这是主工作硬盘，由12TB的硬盘阵列组成。为了方便组织管理，在这个硬盘里，我使用了封装文件夹的形式。我所有的数字底片都被封装在一个单独的文件夹内，并命名文件夹为～DigitalCaptures，在文件夹名首位添加"～"符号是为了让文件夹排列靠前。

　　在主数码照片文件夹下面是子文件夹，子文件夹被划分为逻辑分组目录，

图6.21 在Lightroom镜像中看到的硬盘里的文件夹结构

注释：我所有的电脑都是苹果电脑，不过我也运行一套 Windows 7 操作系统，用作兼容性测试，以及做 Windows 截图用。运行 Windows 7 操作系统使用苹果公司出的 Bootcamp 软件，可以说 Windows 7 在苹果电脑上的运行速度非常流畅！

分组名为诸如 Events（事件）、Studio Shoots（工作室拍摄）以及 Travel Shoots（旅行拍摄）。之后便是按地点和年份划分命名的照片文件夹了。如果某个地方我去过多次，那么每次旅行的照片子文件夹以年份命名区分。

在地点文件夹内，我是通过 Lightroom 将照片按日期整理的。一个文件夹内是一天的拍摄，包含的照片来自于多个存储卡以及不同的相机。嗯，那张海狗照片好像在跟踪我嘛，它又出现了。**图6.21**所示为在 Lightroom 中看到的同一个文件夹的结构。

6.5　我的数码影像工作区

我曾多次提及我的主电脑影像工作区，我猜你可能想瞄一眼这里到底是什么样。**图6.22**所示即为我的数码影像工作区。这张照片是由3张照片拼接而成

图6.22　我的数码影像工作区

的，是用我的佳能 EOS 1Ds Mark Ⅲ 机身配一支14mm 镜头拍摄的。在照片中看上去，这里好像还真挺大的（照片有一点变形），这里有3米宽、3.3米深，算是功能完善的空间了。这里的空间足够两个人同时工作，不过这些天以来通常只是我自己在这里。

主电脑配了3台显示器——两台30英寸的和一台24英寸的，右边的显示器用来显示 Lightroom 或 Bridge，中间的用来显示 Photoshop，而左边的显示器用来显示 Photoshop 面板。主电脑是一台2009年的 Mac Pro，配备了两个2.93 GHz 四核处理器，32GB 的内存以及双显卡。我用了一个 Mac RAID 卡阵列了4个 SAS 600 G 的硬盘来启动电脑、我的用户文件夹以及 Photoshop 暂存盘。

桌子下面是两套通过 eSATA 接口连接6个硬盘的 RAID 0 阵列，数据传输速度飞快。左边的那套名为 RAID-01，右边的那套名为 RAID-02，这是左边那台电脑的一对双胞胎硬盘阵列。RAID-01是我的主工作硬盘，而所有数据在每天晚上都会被备份到 RAID-02，使用的是 Bombich 公司出品的智能磁盘克隆软件（Carbon Copy Cloner，简称CCC）。许多年以来，我换过好多种备份软件，直到我遇到了CCC，这款软件过去曾是免费软件，不过现在需要花钱了，但是便宜而且省心！

另外我还有一套硬盘阵列，照片上看不到，因为它被椅子挡住了。我的计划是安排这套硬盘（名为 FW-External-BU）备份每天晚上从 RAID-02 上备份过的 RAID-01 到 RAID-02 的备份。另外，我还有一个 NAS（网络连接存储）单元放在隔壁房间里，那套存储系统以每周为基础做备份用。这就是我的"离站式"存储，虽然它只是在隔壁而已。

由于这台电脑是我用来处理影像的主电脑，因此它安装的软件非常精简。当我运行 Lightroom、Bridge 以及 Photoshop 的时候，我不会运行任何其他软件（比如 iTunes），因为那会占用处理器功率，影响 Photoshop 或 Lightroom 的正常运转。我还有第二台电脑（在右侧）用于运行 iTunes、收发 E-mail 以及上网浏览。

6.6　优化操作系统性能

多年以来，在调试电脑操作系统，以便于优化 Photoshop 运行性能方面，

> **注释：** 当开始使用 Lightroom 的备份功能的时候，我并不担心备份会非常频繁。因为 Lightroom 的备份只是对目录备份，而非对照片进行备份，是否对 Lightroom 进行多份备份并不是问题的关键，因为在我的硬盘里我已经有3份在线备份了。关键之处在于，在进行了广泛复杂的 Lightroom 操作之后，将 XMP 元数据保存到照片文件中去。基本上，照片的所有调整和关键字都是重要内容，都必须参与备份流程。

我越来越在行了。最近，我又学会了如何为Lightroom调试。这两个软件是相似的，不过二者有一些重要的不同之处。

6.6.1 Photoshop的性能优化

对Photoshop而言，使性能加强的一个最大的因素就是内存——加大内存！不过，内存问题只是Photoshop改善性能瓶颈的三大因素之一，另外两个因素分别是CPU速度和暂存盘。

1. CPU

多处理器（或一个多核处理器）的电脑会比单处理器的电脑快一些，而Photoshop，自从版本4左右的时候开始，就支持多处理器运算了。CPU速度越高，Photoshop的表现越好。为了最大化使用内存，最好在64位的操作系统里使用64位的Photoshop（或Lightroom）。

2. 内存

有句老话说，"你永远不可能太瘦或太富或拥有太多内存"，这句话基本上是对的。增加内存容量，在绝大多数情况下会对改善性能有所帮助。你可以将Photoshop的文档框显示项目设置为显示"效率"，然后在一些常规的Photoshop操作过程中观察显示项目的变化。如果"效率"始终保持在或接近100%，那么说明你的内存够用。另一方面，如果你注意到"效率"降至低于90%并持续了一段时间，那么就该准备增加内存了。根据文件所占存储空间大小的不同、一次打开文件的数量不同以及某些特定的Photoshop操作，内存的需求会因此而变化。有些种类的操作特别占用内存。在有些情况下，可提供内存量可能变得碎片化，而操作系统和Photoshop的性能都会因此而下降。在这种情况下，关掉无关的应用软件，退出然后重新启动Photoshop可以让碎片化的内存恢复正常。

需要记住的另一件事就是，即便所处理的照片本身并不巨大，但是如果把一堆照片全部一次打开的话，那么将是所有这些被打开的照片总量决定了用于Photoshop处理的对内存的需求量。你可能不小心把内存使用设置得非常高，那么通常来说这种设置不太好，除非你有一吨的内存用。**图6.23**所示为我

注释： 假设你已经有了一台电脑，那么对于这台电脑的CPU你没有什么能做的。但如果你正打算买一台新电脑的话，那么CPU的速度以及处理器内核的数量就是要考虑的很重要的因素了。

注释： 历史记录状态设置并不影响内存分配——它只影响暂存盘的大小。历史记录状态设定越高，对暂存盘的需求越大——有时候是巨量的需求。

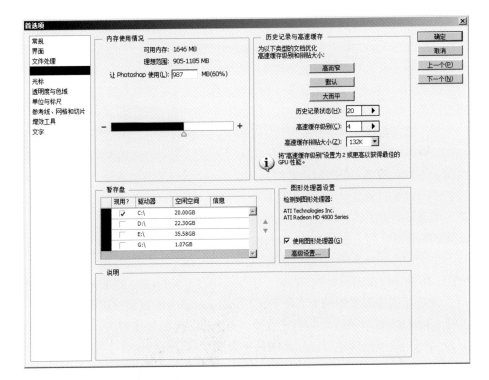

图 6.23　我的 Photoshop "首选项" 性能项目设置

在首选项中的"性能"设置。

　　在"历史记录与高速缓存"项目中的"高速缓存级别"设置对内存使用有影响。提高高速缓存设置会加速屏幕重新生成的速度——尤其是当你处理较大文件又有许多图层的时候。然而，较高的高速缓存设置对于小文件处理并没有什么好处。Photoshop CS6默认的"高速缓存级别"设置为6，而8则是最大值。如果你日常的工作都是处理一些较大的、多图层的文件，那么试试提高高速缓存级别设置。如果电脑的显卡有合适的GPU，那么你可以看到某些操作的效率提升，比如可以试试使用最新的Photoshop CS6镜头模糊滤镜，或者使用液化命令。

3. 暂存盘

　　第三个Photoshop性能瓶颈是暂存盘的设定。为了优化性能，Photoshop的暂存盘应该被设定为与系统启动盘不同的另一个硬盘（假设你的暂存盘被设定到启动盘了）。将Photoshop的暂存盘设定到第二个硬盘上可以提高其性能。

固态硬盘（SSD）的读写速度极佳，作为暂存盘是很好的选择，不过要保证这块硬盘上有大量的剩余空间。如果硬盘的空间被占满，SSD的性能则开始下降。我的主电脑并未选用固态硬盘，因为我的RAID 0硬盘阵列通过RAID卡阵列了非常快的SAS硬盘，保证了足够快的速度，其性能几乎可以与固态硬盘相媲美。不过以后如果我要更换任何新电脑，我会选用SSD固态硬盘的。

关于暂存盘应该设定成多大，并没有什么严格的规定。它取决于诸多因素，比如文件体积、内存分配以及历史记录状态设定。暂存盘可以被划分在多个硬盘里，不过我发现最好的做法是将其指定在一个大容量的硬盘里，而不是分散在若干小容量的硬盘里。暂存盘是有个上限的。根据Photoshop的工程师克里斯·考克斯的说法，上限位于"大概到64EB的位置，不过考虑到内存的限制，实际的暂存盘上限大概在32TB的位置。"

对于Photoshop的高级用户来说，Photoshop CS6的性能已经很好了，因为，即便是现在出现更多的功能，也可以通过显卡的GPU加速来实现了，但是，如果要实现最佳的性能，所有的Photoshop性能瓶颈问题都必须解决。而且，Photoshop的性能和稳定性也与系统和硬件的健康有关。定期的维护以及运行一些清理软件可以让系统免于崩溃，运行一些软件不至于过载，使Photoshop的性能得到最大限度的发挥。

6.6.2 Lightroom的性能优化

限制Photoshop性能的三个瓶颈问题也影响Lightroom的性能表现，但是是以另外一种方式（Lightroom不使用暂存盘）。在达到了某个级别之后，更大的内存并不会使Lightroom的运行速度更快。如果内存有8GB的剩余空间，对于Lightroom来说就足够了。增加内存的做法不会加速。对于Lightroom而言，重要的是要在一个多核的64位系统里运行。苹果电脑版的Lightroom 4就是64位的，如果你使用Windows系统，应该使用64位的系统，并且使用64位的Lightroom。

Lightroom对于硬盘的速度非常敏感。Lightroom会在软件与硬盘之间持续反复地读写大量的数据。这种时候，SSD固态硬盘又一次派上用场了，只是，你需要一个足够大的SSD固态硬盘，需要装下的不仅是目录.lrcat文件，还有预览.lrdata文件。遗憾的是，从这点来看，Lightroom并不能利用显卡上的GPU。不过好消息是，这方面会在将来的某个时间得到改善。

为了更好地发挥Lightroom的性能，请确保在"目录设置"对话框中的元数据栏目里，取消"将更改自动写入XMP中"的勾选。**图6.24**所示为"目录设置"对话框。

另外，也应该经常性地优化Lightroom目录。这一命令位于Lightroom主文件菜单里（你也可以在备份时勾选优化目录的选项）。优化目录有助于去除数据库里的"碎屑"，这是Lightroom工程师们用来描述冗余的或过时的数据库记录用的词语。这项操作应该定期进行。我每周优化目录一次，当Lightroom目录备份的时候也会优化目录。我的目录里的照片数量超过150000个，优化目录耗时大约15分钟。

在"修改照片"模块里，在功能的使用上也包含着性能优化技巧。打个比方，通常，我做照片调整的时候就把镜头校正面板关掉。在每次移动滑块的时候，Lightroom会重新生成屏幕预览。如果镜头校正面板为开启状态，那么预览就会较慢，因为扭曲度校正正在应用。因此，请确保在做完一项调整之后就将此项面板关闭。大量的污点修复操作或局部调整也会拖慢Lightroom。关于这方面也没什么可做的，尽量减少污点修复的数量就好了。不要像在Photoshop里做润饰修补那样在Lightroom里操作——那些事情只有在Photoshop里操作效率才高。

图6.24 Lightroom "目录设置"对话框

图书在版编目（CIP）数据

RAW格式照片处理专业技法：典藏版 /（美）杰夫·舍韦（Jeff Schewe）著；王丁丁译. -- 北京：人民邮电出版社，2019.5
ISBN 978-7-115-50813-3

Ⅰ. ①R… Ⅱ. ①杰… ②王… Ⅲ. ①图象处理软件
Ⅳ. ①TP391.413

中国版本图书馆CIP数据核字(2019)第028144号

版权声明

- ◆ 著　　　[美] 杰夫·舍韦（Jeff Schewe）
  译　　　王丁丁
  责任编辑　张　贞
  责任印制　周昇亮
- ◆ 人民邮电出版社出版发行　　北京市丰台区成寿寺路 11 号
  邮编　100164　　电子邮件　315@ptpress.com.cn
  网址　http://www.ptpress.com.cn
  天津市豪迈印务有限公司印刷
- ◆ 开本：889×1194　1/20
  印张：14.8　　　　　　　　　　2019 年 5 月第 1 版
  字数：436 千字　　　　　　　　2019 年 5 月天津第 1 次印刷
  著作权合同登记号　图字：01-2012-8556 号

定价：128.00 元
读者服务热线：(010)81055296　印装质量热线：(010)81055316
反盗版热线：(010)81055315
广告经营许可证：京东工商广登字 20170147 号